Manus 入门操作指南

从0到1玩转AI智能体

常亚南　王岩　/著

中国科学技术出版社
·北　京·

图书在版编目（CIP）数据

Manus 入门操作指南：从 0 到 1 玩转 AI 智能体 / 常亚南，王岩著. -- 北京：中国科学技术出版社，2025. 7.
ISBN 978-7-5236-1406-8

Ⅰ. TP18-62

中国国家版本馆 CIP 数据核字第 2025DS7825 号

策划编辑	赵　嵘
责任编辑	赵　嵘
版式设计	愚人码字
封面设计	东合社
责任校对	吕传新
责任印制	李晓霖

出　　版	中国科学技术出版社
发　　行	中国科学技术出版社有限公司
地　　址	北京市海淀区中关村南大街 16 号
邮　　编	100081
发行电话	010-62173865
传　　真	010-62173081
网　　址	http://www.cspbooks.com.cn

开　　本	880mm × 1230mm　1/32
字　　数	135 千字
印　　张	7.5
版　　次	2025 年 7 月第 1 版
印　　次	2025 年 7 月第 1 次印刷
印　　刷	大厂回族自治县彩虹印刷有限公司
书　　号	ISBN 978-7-5236-1406-8/TP · 519
定　　价	69.00 元

序

2025 年 1 月 DeepSeek 横空出世的时候，国内外很多科技大佬就已经惊叹中国人工智能的飞跃式发展，没想到，时隔不久，国内又出现了一个超级黑科技产品——Manus。

在没有任何风声透露的情况下，北京一家人工智能公司蝴蝶科技创始人肖弘向全球宣布：世界上第一款真正的人工智能通用智能体产品出现了，取名为 Manus。

消息一经宣布，如同给科技圈投下了一枚重磅炸弹。美国、欧洲国家科技圈等都震惊了，随后，美国科学家、欧洲国家科技人员实时参与了第一波产品内测。结果显示，这项世界级的人工智能技术真的被我们中国人研发出来了。

DeepSeek 之后，Manus 再次掀起了人工智能体的科技热潮。

Manus 的诞生在国内 AI 领域的意义非同一般，它代表着我国在自主人工智能方面的技术突破。这项技术突破，颠覆了包括美国在内的发达国家所掌握的那套人工智能技术体系。

这是全球人工智能发展至今，第一款真正意义上的自主人工智能体。在 Manus 之前，哪怕是美国最厉害的 ChatGPT 也只能做到人工智能的第一步——深度学习分析。

比如，ChatGPT 能深度分析我们的问题，利用数据模型去网上搜索相关的消息，整合各种数据，然后给出一个大致的分析结果，但并不会直接帮我们把事情做好。更深层次的东西还需要我们自己去思考、执行。这是人工智能的第一步，搜索学习与深度学习阶段。

Manus 的出现推动人工智能领域朝前迈出了一大步。Manus 不像市面上那些大模型一样只是停留在深度思考、分析阶段，而是直接帮你做事，你只需要下达一个指令，Manus 就能帮你思考、帮你调查资料、帮你整合数据、帮你形成方案，直接给出一个让我们上手就可以用的操作结果。

比如，我们下令让 Manus 帮忙做一份 PPT，Manus 能直接读取你电脑中的数据、表格和文件，利用虚拟电脑以及各种配套工具，快速帮你做出 PPT。全程除了读取某些资料或者访问某些网站需要你授权确认外，其他的工作都不需要你操心。

这样一款通用智能体的问世，不仅是对人工智能领域的颠覆，也意味着全球智能领域跨出了第二步——自主人工智能。

也正是因为这个强大的科技，在 Manus 发布 24 小时之后，系统崩溃。因为想要了解 Manus 到底有多强大的人实在太多了，想要学习 Manus 中黑科技的人也太多了。

在 Manus 发布 24 小时内，很多参与亲测的人都体验到了

Manus 的强大。这样一款迄今为止首次迈出人工智能第二步的人工智能体到底能够带给我们多大的惊喜？

创业者该如何利用 Manus 降低创业过程中可能遇到的法律风险？

学生该如何利用 Manus 提升他们的学习效率？

自媒体人该如何搭上 Manus 这股东风？

其他人又该如何利用 Manus 来帮助自己更好地工作、更好地提升生活品质？

大家想要的答案，本书中都有所提及。如果你想更深入地了解 Manus 与其他 AI 工具到底有何不同，你也想要搭上 Manus 智能体这股东风，那么请跟我们一起，从本书中寻找你想要的答案吧！

MANUS

出版说明

为真实呈现AI创作的内容，本书最大限度地保留了Manus生成文本及图片的原始样貌，目的是对作者的实操方法进行最优化呈现。书中案例的部分表述可能存在偶发字词疏漏，此系为保留生成内容原貌所致，仅为如实呈现AI实操方法，特此说明。

目　录　CONTENTS

第一部分　Manus 核心优势与操作指南

第二部分　Manus 的常见应用场景

第三部分　Manus 与其他 AI 工具的梦幻联动

MANUS

第一部分

Manus 核心优势与操作指南

PART 1

2025 年是 AI 智能体快速发展的一年。1 月，DeepSeek 火爆全网；3 月，Manus 横空出世。AI 界堪称顶流的两大智能软件，你方唱罢我登场，掀起了一场科技与智能的创新革命。

那么作为与 DeepSeek 并驾齐驱的 Manus，究竟具有哪些核心优势？我们又该如何操作才能得心应手呢？让我们一起来看一下吧！

第 1 章　Manus 初印象与核心优势

Manus 这股风刮得很大，AI 领域的相关专家给予了 Manus 高度评价，称其好用程度在 AI 领域数一数二。Manus 真的好用吗？它跟 DeepSeek 比怎么样？

想了解 Manus，还要从 Manus 的起源以及其创始人团队讲起。

1.1 Manus 初印象

说起 Manus，很多人并不是太熟悉。它不像 DeepSeek 那样专注于大模型底层研究，而是基于多模型协作（Claude 3.5、DeepSeek 等）缝合而成的“百衲衣”，是一款“多智能体协作”AI 软件。

什么是 Manus

Manus 是由中国团队 Monica 研发出来的全球首款通用 AI 智能体（AI Agent），它不仅能够像 ChatGPT 一样回答问题，还能直接完成任务。比如，自动筛选简历、规划旅行线路、分析股票，甚至生成 PPT 和网页游戏代码，等等。因为这近乎包罗万象的能力，Manus 也被戏称为“六边形战士”。

Manus 创始人肖弘，1992 年出生，是华中科技大学软件工程学士，AI 界的“饥饿营销”大师。同 DeepSeek 可以免费下载使用相比，Manus 一码难求。他将刚刚开始内测的 Manus 一秒预热，成功点燃了国人的好奇心。

作为一个通用的 AI 智能体平台，Manus 致力于将用户的想法转化为具体的成果。Manus 不仅能回答用户的问题，还能自主分析任务需求，通过调用虚拟环境中的工具（如浏览器、文件处理器、代码编辑器等），完成从数据整理到结果交付的全流程操作。

不论是分析股票走势、生成财务报表、编写可运行代码，还是规划行程，Manus 都能高效执行并输出可视化的结果。

Manus 采用多智能体架构（Multiple Agent System），在云端虚拟机中运行。这项改进在 GAIA 基准测试中超越了 OpenAI 的 Deep Research，展现出卓越的任务处理能力。

Manus 产品的口号是“Leave it to Manus”（交给 Manus 处理）。提出这个口号的底气，是 Manus 能够在用户休息的时候，完成各种工作与生活任务，实现云端异步、思维与行动的桥接。

Monica 发展历程如下。

◆ 2022 年 11 月 20 日：Monica 项目立项。

◆ 2023 年 7 月：与 Monica 相关联的北京红色蝴蝶科技有限公司成立。

◆ 2025 年 3 月：推出 Manus AI 代理产品。

在 GAIA 基准测试中，Manus 表现亮眼（GAIA 是智能体最全面的基准测试，GAIA 中的问题非常难，提出了基于 LLM 的系统的某些困难）。Manus 官方网址如下：http://manus.im/。

目前 Manus 还在内测中，用户可在登录后，申请加入内测，无须本地安装，用户通过网页即可完成访问。

Manus 有哪些能力

作为一款先进的 AI 系统，Manus 整合了多种前沿技术，其核心能力涵盖多个领域，以下是对其功能的详细分点阐述。

1. 自然语言理解与生成（NLP/NLG）

作为一款不输于 DeepSeek 的 AI 系统，Manus 在自然语言理解与生成方面同样具有优势，主要表现在三个方面。

深度对话交互：能够理解上下文语境，处理复杂提问，支持多轮对话并保持逻辑连贯性。

多语言处理：支持中英文等多种语言的实时翻译与跨语言交流，适应全球化应用场景。

情感分析：识别用户语气和情绪，调整回应策略以提升交互体验（例如安慰性回复或专业性建议）。

2. 多模态交互能力

Manus 可以实现多模态交互，不管我们上传的是语音、图片还是视频，Manus 都能根据需求输出我们想要的内容。

图像 / 语音处理：可解析图片内容（如 OCR 文字提取、图像描述生成），同时支持语音指令输入与语音合成输出。

视频分析：对视频内容进行摘要生成或关键帧提取，适用于安防、媒体分析等场景。

3. 自主学习与优化

Manus 对用户学习的帮助包括以下两个方面。

持续学习机制：通过用户反馈和新数据动态更新模型，提升准确性和适应性。

领域迁移学习：快速适应垂直领域（如医疗、法律）的专业需求，可形成定制化知识库。

4. 任务自动化与智能决策

使用 Manus 能够让我们繁杂的数据整理工作变得更轻松、更智能。

流程自动化：自动执行日程管理、邮件分类、数据录入等重复性工作，提升效率。

数据分析与预测：处理大数据集，生成可视化报告，并提供趋势预测（如销售预测、风险评估）。

实时决策支持：在紧急场景（如医疗诊断、金融交易）中快速提供基于数据的建议。

5. 个性化服务定制

Manus 能够根据用户行为提供个性化定制服务，主要包括以下两个方面。

用户画像构建：分析历史行为数据，提供个性化推荐（如购物、内容推送）。

自适应界面：根据用户习惯调整交互方式（如偏好语音或文本）。

6. 跨平台协同与集成

同 DeepSeek 一样，Manus 也能跨平台协同与集成。

API 集成：与第三方应用（如 CRM、ERP 系统）无缝对接，扩展功能边界。

多设备兼容：在手机、IoT 设备、AR/VR 等多种终端上运行，实现全场景覆盖。

7. 内容创作与知识管理

我们还可以借助 Manus 进行内容创作，生成各种创意以及完成知识管理。

创意生成：辅助撰写文章、脚本、代码，甚至设计图标或音乐片段。

知识库构建：自动整理文档、生成知识图谱，便于企业级知识管理。

8. 安全与隐私保护

Manus 虽然可以云端异步，但对安全性与隐私性也做到了极大的保护。

> 数据加密：端到端加密传输，确保用户信息安全性。
>
> 合规性管理：自动遵守 GDPR 等数据保护法规，提供审计追踪功能。

9. 教育与培训应用

Manus 同样也可以应用于教育领域，它不仅能够帮助学生理解新知识、解决疑难点，还能帮助教师完成备课、搭建虚拟演练环境的工作。

> 智能辅导：根据学习者水平动态调整教学内容和难度。
>
> 模拟训练：搭建虚拟演练环境（如语言练习、手势模拟）。

10. 伦理与可控性

Manus 内置了一套自我审查机制，用符合社会伦理的价值观对生产的内容加以约束，避免生成有害或者是有偏见的内容。

在面对不同用户群体（如企业、个人等）和不同行业场景（如医疗、金融、法律服务场景等）时，Manus 都能提供智能化解决方案。企业可以借助 Manus 实现客户服务自动化、供应链优化、HR 智能筛选；个人可以借助 Manus 实现健康管理、搭建智能家居中枢、打造个性化学习伙伴。医疗机构可以借助 Manus 完成医疗影像诊断辅助；金融机构可以借助 Manus 设计反欺诈系统；法律服务机构（如律师事务所）可以借助 Manus 辅助完成法律文书审核……

对于 Manus 来说，它的能力边界取决于设计目标和迭代版本。随着技术不断演进，Manus 在边缘计算、具身智能（如机器人控制）等领域的拓展潜力也将逐渐被挖掘出来。Manus 的功能也会变得越来越强大。

Manus 与其他 AI 工具的区别

Manus 与其他 AI 工具最大的区别是什么呢？传统的 AI 工具（比如 ChatGPT）只能“动嘴”，给一些建议、写一些文案，但不会“行动”。其需要用户一步步的指导，像是一个“问答机器”。

面对其他 AI 工具，Manus 形成了“降维打击”，属于真正的“行动派”。从“怎么做”到“直接做好”，用户只要抛出问题，Manus 就能自己去编写代码、搜索数据、生成网站。

在 Manus 一夜爆火之后，某测评博主做了如下测评——让 Manus 生成一份关于其上线后的社会争议分析报告。

当测评博主将这个问题发给 Manus 之后，Manus 启动了它完成任务的程序。

通过测评博主展示的页面（图 1–1），我们可以看到，Manus 解决问题的页面与 DeepSeek 等 AI 工具略有不同。

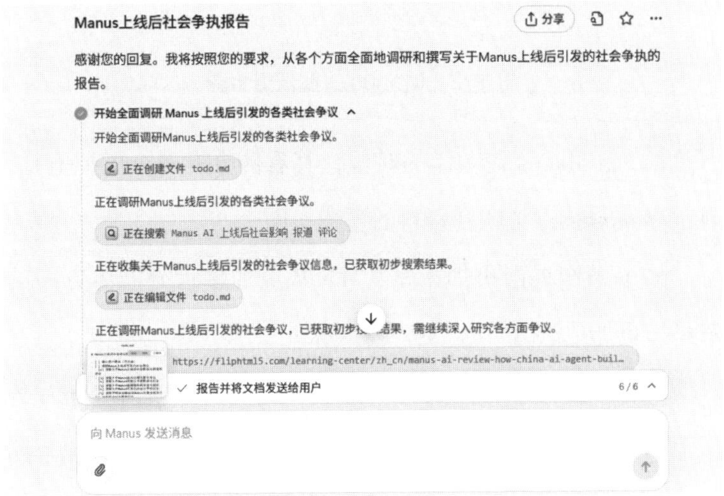

图 1–1　Manus 生成的社会争议分析报告

第一，Manus 会对任务进行分解、分步。图 1–1 中箭头位置，有数字标识。展开数字标识，我们就能看到 Manus 将任务拆解成了 8 个步骤（图 1–2）。

图 1–2　Manus 拆解任务步骤

第二，Manus 在运作的时候，其右侧会有一个虚拟电脑，显示 Manus 搜索与整合资料的过程（图 1–3）。

除了操作页面更加丰富，Manus 更加接近智能体方向的叙事，更加地去 AI 化，更“有人味儿”。

Manus 生成的测评报告中，不仅生成了用户对 Manus 的反馈意见，同样也生成了用户使用 Manus 的建议。从这个测评报告生成的过程中，我们可以发现，Manus 考虑问题更加全面，行动力更强。

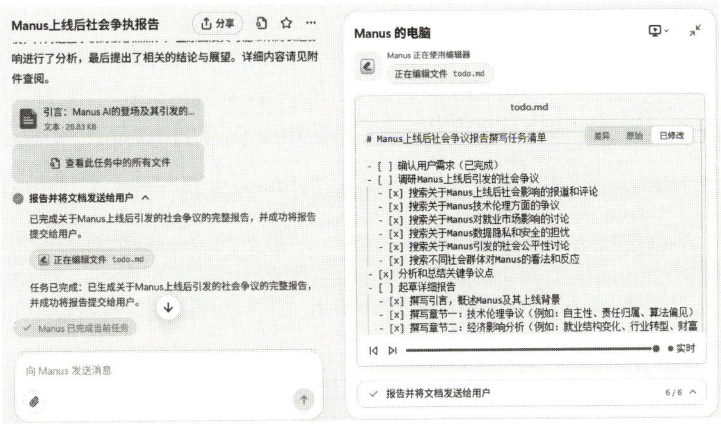

图 1-3　Manus 工作页面（右侧为虚拟电脑）

如何使用 Manus

Manus 是可以媲美 DeepSeek 的智能体，能够给我们的学习、生活和工作带来极大的便利，那么我们又该如何使用 Manus 呢？下文将从使用方法和使用技巧两个方面展开。

1. 使用方法

（1）访问与申请内测。

◆ 方式 1：访问官网 Manus.im 注册等待名单。

◆ 方式 2：加入官网 Discord 社群，获取邀请码（目前 Manus 仅开通邀请码制，且每日名额有限）。

（2）对话框输入提示词。

◆ 输入自然语言指令：需明确任务目标与交付的形式。比如，输入指令“生成包含底图的 HTML 旅行手册”。

◆ 在执行任务过程中，用户可动态调整与反馈：在 Manus 执行任务的过程中，如果用户需要修改要求（比如增加预算），Manus 会根据用户的调整情况实时调整任务路径。如果用户对结果满意，可以告知 Manus “以后都这样做”，以形成用户的个人习惯信息。

我们在使用 Manus 时会发现，它采用的是最直观的对话式交互方式。我们不需要学习什么复杂的指令，只需要用自然语言对 Manus 表达我们的需求即可。Manus 会自己理解用户的意图，并给出相应的回应或者执行相应的任务。

当然，为了跟 Manus 更好地交互，在首次使用 Manus 时，我们可以像跟朋友聊天一样，先跟 Manus 简单做一个自我介绍，并提出一些基础性的问题，这样便于我们建立初步交流关系。比如，我们可以询问 Manus 能帮我们完成哪些类型的任务，或者请 Manus 帮我们解释一个相关领域的概念。这样的互动有利于我们了解 Manus 的回应方式和能力范围。

（3）成果交付与扩张功能。

◆ Manus 完成的任务可以直接交付：比如，Manus 部署完成的网页游戏链接、可视化的股票仪表盘以及合同对比表等，都可以直接拿来使用。

◆ 高级功能示例：数据分析和多模态处理。用户可以直接上传 Excel 表格，让 Manus 帮忙生成可视化报告以及优化建议，或者对课堂录音进行图文转化，或者对室内设计图的灯光布局进行解析。

2. 使用技巧

（1）首次使用指南。

◆ 登录 Manus 之后，点击“新建会话”，输入指令，比如“帮我整理小米汽车 SU7 发布会的 PPT，要求数据可视化，并融入行业对比”。

◆ 输入指令之后，Manus 将对任务进行主动拆解，调动虚拟电脑查阅相关资料和信息，最终生成让用户满意的成果。

（2）进阶使用宝典。

◆ 我们在使用 Manus 的过程中可以随时追加指令，与 Manus 进行多轮交互。比如，当我们让 Manus 做一个行业分析报告时，增加指令“增加竞品分析章节”，Manus 就能及时响应，并更改任务路径。

◆ 结果导出。Manus 支持多种格式的结果导出。比如 PDF、Excel、网页链接等。

掌握了这些使用技巧，我们在使用 Manus 做任务的时候就能更加高效，导出的结果也会更加精准。

1.2 Manus 的四大核心优势

Manus 的设计理念是成为用户的智能助手，能够理解用户的意图和需求，主动向用户提供帮助。在执行任务的过程中，Manus 会保持任务进度的透明，并保持与用户的随时交互。

不论是不是专业人士，都能够借助 Manus 解决自己的问题。

Manus 主要有四大核心优势：全面的能力范围、深度理解与精准执行、持续学习与适应、透明互动与协作。

全面的能力范围

Manus 之所以能与 DeepSeek 平分秋色，最大的倚仗就是 Manus 的能力范围非常广。从信息检索到编程任务、从文案写作到网站开发，从会议纪要整理到 PPT 制作……别的 AI 助手能够完成的任务 Manus 都能完成，别的 AI 助手不能完成的任务 Manus 也能完成。

Manus 就像是一个全能专家，只要你有困难，它就能帮你想办法。只要你提出问题，不管你提出的是哪个方面的问题，它都能帮你解答。这种包罗万象的特性，让用户不太需要借助其他工具，也不太需要在不同工具之间不断切换，只需使用 Manus 就能应对多项任务。

正因为 Manus 拥有如此强大的功能，它可以覆盖绝大多数的学习、工作和生活场景，为用户的高质量生活提供全方位的技术支持。不论用户的需求如何变化，Manus 都能及时响应、灵活应对。

Manus 的这种全面性主要表现在三个方面。

1. 全面专家，能够回答各种问题

用户与 Manus 最简单的交互方式就是提问。用户可以向 Manus 询问不同类型的问题，包括但不限于事实性问题、概念解释或者是向 Manus 寻求建议，例如：

- 什么是机器学习？
- 如何提高英语口语能力？
- 请推荐一些关于气候变化的书。

我们在提问的时候，应尽量保证语言清晰、具体，这有助于 Manus 更加准确地理解我们的需求。

2. 全能助手，能够执行多项任务

除了能够回答多种问题，Manus 还能执行多项任务。用户可以借助 Manus 执行工作任务，比如文档撰写、数据分析、网站创建等。

在对 Manus 提出任务时，用户可以这样做：

- 明确告知 Manus 任务目标。
- 给 Manus 提供必要的背景信息。
- 标明特殊要求或偏好。例如，不要模糊不清地说“帮我写一篇文章”，而要说“请帮我写一篇关于可再生能源发展趋势的文章，重点关注太阳能和风能技术的最新进展，文章长度约 2000 字”。

详细的描述能让 Manus 更好地理解我们的需求，更好地

分析和拆解任务，更完美地执行任务。

3.AI 好搭档，可与其他 AI 工具配套使用

Manus 问世不久，就发布了与通义千问的合作通告。在不久的将来，Manus 还会与更多的 AI 助手完成深度合作，方便更多的人借助 AI 工具高效工作、快乐学习、愉快生活。

Manus 不只是告诉你该怎么做，还会主动帮你做好；不仅懂得多，而且执行力超强。

深度理解与精准执行

Manus 能够深度理解用户的需求并精准执行。这也是 Manus 人性化的体现，不仅关注用户明确表达出来的需求，还能挖掘用户深层需求，给用户提供全面的解决方案。

Manus 在执行任务的时候，会综合考虑各种因素，确保最终得出的结果符合用户的预期。

Manus 能够将复杂的指令进行拆解，将任务分解为多个步骤，条理分明地完成每一步。

比如一位 AI 测评博主让 Manus 写一篇关于容器与虚拟机的传记体小说，让用户能够明白技术的来源、原理、发展。

Manus 在收到指令之后，先是对任务进行拆解，如图 1–4 所示。Manus 将任务拆解成三个子项：创建任务文件、联网搜索资料、任务进度查询。

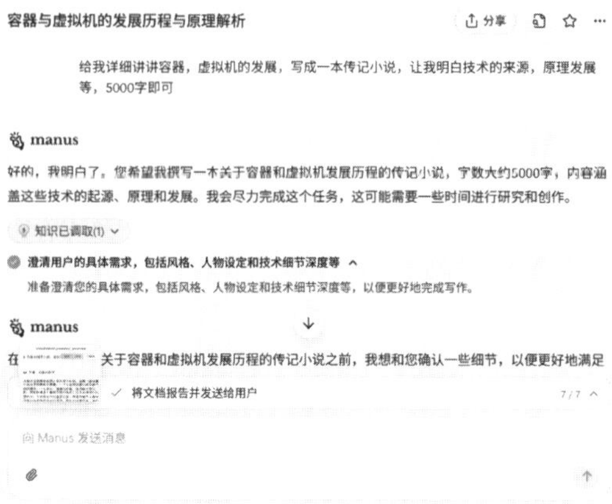

图 1-4　Manus 对任务进行拆解

在对任务进行充分拆解之后，Manus 开始按照拆解的任务步骤，逐步完成任务，如图 1-5 所示。

图 1-5　Manus 逐步完成任务

Manus 每完成一个步骤，就会自动在前面打钩，如图 1–6 所示，直至所有步骤全部完成，生成我们想要的文本文件。

图 1–6　Manus 任务完成情况

在 Manus 执行任务的过程中，用户如果有了其他的想法或者建议，也可以及时告诉 Manus，Manus 会及时对任务做出调整。比如，我们想要 Manus 输出的结果为 PDF 形式。Manus 在接收到任务之后的第一时间就会做出调整，在任务完成之前更改任务详单。

Manus 不只是机械地执行用户下达的指令，还会对用户的指令进行深度理解和思考，综合多种因素之后，精准执行每个细化步骤，以达到让用户更加满意的结果。

持续学习与适应

Manus 的核心优势之一是具有持续学习与适应的能力，它能够在与用户的互动中了解用户的行为习惯、思维模式、问题之外的潜在疑惑等，进行用户画像，以便更好地为用户提供个性化的服务。

此外，Manus 团队也在不断地更新和优化系统，及时引入多种新功能、增加新能力，以保持 Manus 的技术领先地位，为用户提供极佳的使用体验。

Manus 有自己的知识和记忆，因此它可以教会自己，下次处理类似的任务时按照用户行为习惯生成结果。

Manus 官方发布的 Manus 功能介绍中，曾用了这样一个案例进行测评。

> 用户让 Manus 根据多个标准对纽约的房源进行筛选。接到任务后，Manus 首先将任务进行了分解。按照步骤，Manus 先是进行搜索，并仔细阅读美国权威网站发布的关于最安全社区的文章。然后，Manus 对纽约的中学教育体系进行了研究。接下来，Manus 根据用户要求编写了一个 python 程序计算用户的预算，根据用户给出的预算，Manus 在房地产网站上进行房源筛选。

最后结合所有搜集到的信息，Manus 撰写了一份汇编了所有资源的详细报告，以供用户参考。

在这个过程中，Manus 登录了哪些网站，查阅了哪些资料，都显示在虚拟电脑上，用户可以清楚地看到 Manus 的工作进度。Manus 在查阅资料的同时还会自我迭代，如果预测结果不符合用户预期，Manus 会重新生成结果。

在 Manus 运行过程中，用户加进去的指令，它也会及时接收。有人将 DeepSeek 和 Manus 做对比的时候，曾打了这样一个比方：如果说 DeepSeek 是最强大脑，那么 Manus 就是最快手脚。

Manus 可能做得并不是那么完美，但是它在持续不断地学习和适应。就如前文测评博主让 Manus 对其当下的口碑进行调研时，Manus 就对 Manus 团队提出了如下建议。

优先解决性能不稳定的问题。这是用户体验的基础，更是商业化的前提。可考虑优化虚拟机方案，或探索替代方案。

明确产品的定位和营销策略。避免过度营销和引发不必要的冲突，更要客观地传达产品的能力与局限，建立合理的认知体系。

深化垂直领域应用。选择几个优势明显的应用场景深耕，打造标杆案例，逐步拓展到其他领域。

探索可持续的商业模式。在保持产品创新的同时，关注商业可持续发展，寻找用户体验和商业价值的平衡点。

2025 年 3 月 5 日，Manus 团队开了新品发布会，面向全网对 Manus 进行测评，17 个小时后，服务器崩溃。Manus 团队在发布的致歉信中这样说："我们完全低估了大家的热情，一开始的初心只是分享一下在探索智能体产品形态过程中的阶段性收获，因此服务器完全是按照行业里一个 demo（试用软件）的水平来准备的，根本不承想会引起如此大的波澜……大家看到的 Manus 还是一个襁褓中的小婴儿，离我们在正式版中想要交付给大家的体验还差很远。Manus 在模型幻觉、交付物友好度、运行速度等方面还有很大的提升空间。恳请大家对一家几十人的创业公司多一点包容和理解。团队正在全力输出，让大家早日体验到更好的产品。"

Manus 并不完美，就像其团队成员所说，它只是一个尚在襁褓中的小婴儿，但团队赋予了它强大的学习能力。Manus 能够在一次次完成任务时，主动记忆和提升，以适应用户的使用习惯和满足不同的需求。

透明互动与协作

Manus 采用的是透明的工作方式，在执行任务的时候，会向用户展示更新进度和解释为何这么做。让用户可以清楚地了解任务的执行情况。

Manus 开发的初衷之一：一切的工作是为了让用户“看见”，如图 1-7 所示。

这种透明性，让人机协同变得更加简单。Manus 与用户建立了信任，用户在必要时可以及时地给予反馈和指导。Manus 不仅是一个执行者，更是一个协作者，会在适当的时候向用户请求额外的信息或者确认，确保任务按照用户的意愿进行。这种人机互动的协作模式，能够让 Manus 更好地满足用户的需求。

那么我们具体都在 Manus 上看到了什么？规划、执行、归纳、交付。

比如测评博主让 Manus 对春运数据进行整理。

第一步，Manus 对任务进行了规划。

 # 春运数据收集与整理任务

数据获取

– [x] 搜索 2023 年春运数据

图 1-7　Manus 任务详单与虚拟电脑

- [x] 从新闻源收集 2023 年春运每日数据

- [x] 搜索 2024 年春运数据

- [x] 从新闻源收集 2024 年春运每日数据

- [x] 搜索 2025 年春运数据

- [x] 从新闻源收集 2025 年春运每日数据

数据处理

- [x] 创建数据存储结构

- [x] 按年份和日期整理收集的数据

- [x] 提取每日交通流量数据

- [x] 提取农历日期信息

- [x] 提取同比数据

- [x] 验证数据完整性

- [x] 填补数据空缺等

数据分析与整理

- [x] 创建汇总数据框

- [x] 格式化数据（包含日期、农历日期、交通工具、流量、同比等字段）

- [x] 验证数据准确性

- [x] 生成最终表格

第二步，执行任务。

#统计数据——中华人民共和国交通运输部

公路、水路运输。2024 年 1—11 月公路水路运输量。2024 年 1　10 月公路、水路运输量。铁路：2025 年 1 月全国铁路主要指标完成情况……2024 年 12 月全国铁路主要指标完成情况……民航运输量……

#春运 40 天全社会跨区域人员流动量 90.2 亿人次

春运期间，公路自驾出行量 71.7 亿人次，占全社会跨区域人员流动量的 79.4%，全国高速公路车流量总体处于高位。

#透视 2024 年春运大数据，我们发现了这些变化——《证券时报》

历年来，公路客流量规模都是最大的，其次是铁路，最后是民航和公路。不同的是，往年“公路”一栏都是汇总数据，而 2024 年春运统计口径发生变化，开始测算私家车等非公共交通工具……

 # 2024 年春运温暖启程（大数据观察）——《人民日报》

1 月 26 日，2024 年春运大幕拉开。当日全社会跨区域人员流动量预计超 1.82 亿人次，其中全国铁路预计发送旅客 1 060 万人次，公路 16 971 万人次，民航超 200 万人次，水路 52 万人次……

 # 预计超 90 亿人次，2025 春运铁路、公路、民航齐创新高

具体来看，预计铁路客运量为 51 362.7 万人次，公路人员流动量为 839 027 万人次（高速公路及普通国省道非营业性小客车人员出行量为 716 949 万人次、公路营业性客运量……）

 # 被 2024 年春运这些数据惊呆了

历年来，公路客流量规模都是最大的……

第三步，归纳数据。

将第二步查阅到的数据资料进行归纳整理，以用户需要的形式（表格、PPT，或者报告）呈现给用户。

第四步，交付结果。

从以上 4 个步骤中，我们可以清晰地看到 Manus 的操作流程。在这个过程中，我们可以随时跟 Manus 沟通。比如，在 Manus 执行任务的过程中，告诉 Manus 以表格的形式交付，那么 Manus 不仅能够完美执行用户的指令，还会把用户的行为习惯进行存储，下次自主选择用户习惯使用的交付方式。

第 2 章　Manus 操作指南

在众多爆款 AI 产品相继诞生之际，Manus 作为一款新兴的通用型智能体，正逐渐被人们所关注。Manus 具有独立思考、自主执行任务、工具调用和动态规划的能力，能帮助用户高效完成工作和生活中的各种任务。为帮助大家更好地使用 Manus，我们为大家提供了一份详细的使用指南。

2.1 Manus 怎么用

在前文中我们对 Manus 是干什么的有了一个清晰的了解，那么究竟该如何使用 Manus 呢？这里手把手教你如何注册、登录和使用 Manus（截至 2025 年 4 月 3 日最新电脑版指南，可能因版本不同而存在少许差异）。

注册与登录

想要使用 Manus，首先要进行账号注册与登录。

1. 注册

（1）注册获取邀请码。

2025 年 3 月 8 日，Manus 正式发布，但目前仍处于内测阶段。在注册之前，需要事先获取邀请码。[①]

第一步，打开浏览器，输入 Manus 的官网 https://Manus.im。

第二步，点击并进入 Manus 的官方网站。

第三步，进入页面后，点击右上方的“开始使用”按钮，如图 2–1 所示。

图 2–1　Manus 界面的“开始使用”按钮

第四步，页面跳转后，点击“申请访问权限”，进入“激活你的账户”页面，然后点击“加入等候名单”，如图 2–2 所示。

---

① 5 月 12 日，据澎湃新闻报道，国产 AI 智能体平台 Manus 宣布开放注册，但截至本书出版时暂未开放。书中信息以当前 Manus 界面信息为依据。——编者注

图 2-2 “激活你的账户”页面的“加入等候名单”按钮

第五步，进入新“请求 Manus 邀请”页面后，根据提示输入邮箱（建议使用常用的邮箱）。在“您希望 Manus 为您执行哪些用例”一栏中，填写申请理由。申请理由，就是你想通过 Manus 做什么。写得越具体，越容易通过。比如，企业数据分析、提升个人工作效率等。在这个页面中，标红点的地方是必填内容，未标红点的地方可填、可不填，根据自己需求和意愿填写。然后在“I am human（确认您是真人）”处勾选，完成人机验证，如图 2-3 所示。

第六步，填写申请信息之后，点击“提交请求”，就可以等待官方审核。审核通过后，系统会以链接的形式，下发邀请码至你填写的邮箱。通常需要 2~48 小时，具体时间取决于

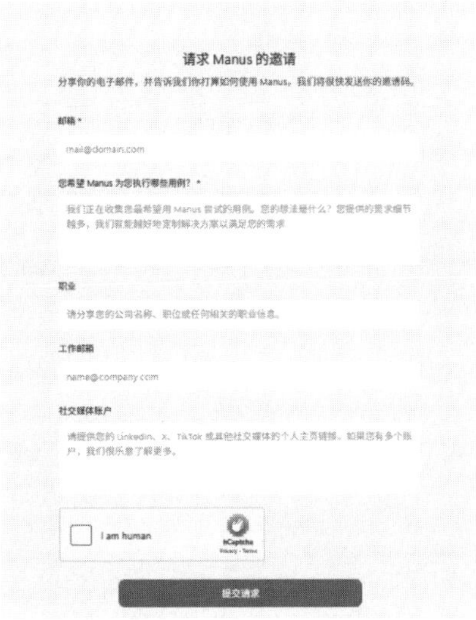

图 2-3 “请求 Manus 的邀请”页面相关填写项目

申请量以及官方的审核速度。

第七步，收到邀请码之后，进入之前申请邀请码的页面。将获得的邀请码填写在“邀请码”一栏中，然后根据提示内容设置账户密码。这个密码将用于后续登录 Manus 平台，因此请确保它足够安全且易于记忆。之后再勾选“Success”（成功），即可完成注册，如图 2-4 所示。

（2）获取邀请码技巧。

为了提高获取邀请码的成功率，需要注意：

①放码高峰期申请。

用户可以选择在 00:00、12:00、18:00 进行注册，这个时

图 2-4 “注册 Manus”页面

间点是系统放码的高峰期。

②多次尝试。

如果出现“服务器繁忙”的提示，建议 10 分钟后再尝试重复申请操作。

③好友邀请。

已经获得资格的用户，每月可以生成 3 个专属邀请链接，但需要完成指定任务，如提交 Manus 的使用体验报告。如果认识已经拥有 Manus 邀请码的好友，可以从好友那里获取邀请链接。

④企业端定向邀请。

一些金融、教育、电商等领域的科技公司，可以通过战略合作入口，为新用户获取测试账号。

⑤参与内测活动。

Manus 会通过举办内测活动，邀请用户参与体验。用户可以通过参与这些活动增加获得邀请码的机会。活动形式可能包括但不限于问卷调查、社交媒体互动等。

⑥社区、论坛分享。

一些早期体验者可能会在相关的社区和论坛上分享他们的邀请码。用户可以积极参与这些社区和论坛的讨论，并留意他们分享的邀请码信息。

2. 登录

注册成功后，就可以正式登录 Manus。

第一步，进入 Manus 官方网站，点击右上方的“开始使用”按钮。

第二步，页面跳转后，在官网页面点击“登录”按钮。

第三步，输入注册时使用的邮箱和密码。

第四步，点击“登录”按钮，就可以成功解锁 Manus 操作界面，如图 2-5 所示。

图 2-5 “登录 Manus”页面

了解界面与功能

想要更好地操作 Manus，让其为我们服务，首先要对 Manus 的界面和功能有清晰的了解和认知。在进入 Manus 界面之后，我们会看到整个界面布局非常简洁，共分为三大板块，如图 2-6 所示。

第一板块：聊天历史记录、搜索、新建任务

第一板块是界面的左上方板块。

（1）聊天历史记录。

该板块的左上方按钮“ ”代表“聊天历史记录”，点

图 2-6 Manus 界面的三大板块

击这里可以查看我们之前在 Manus 中输入的相关任务内容。

（2）搜索任务。

左上方按钮“ Q ”代表“搜索任务”，点击这里我们可以搜索之前在 Manus 中输入的相关任务内容，如图 2-7 所示。

图 2-7 “搜索任务”面板

（3）新建任务。

点击"🔍"按钮下方的"新建任务"栏，可以向 Manus 输入新的任务。

（4）任务历史记录。

在"新建任务"栏下方，是"任务历史记录"。

第二板块：与好友分享 Manus、ManusExpert

第二板块是界面的左下方板块。

（1）与好友分享。

"与好友分享 Manus"，即向好友分享 Manus 邀请码，如图 2-8 所示。

图 2-8 "与好友分享 Manus"邀请码界面

（2）ManusExpert。

ManusExpert，点击“ F ”按钮，会弹出一个新的界面，如图 2-9 所示。从上往下，依次分别是：

图 2-9 “ManusExpert”界面

①免费升级。

可以免费升级 Manus 版本，获得更多、更新的功能和体验。

②积分。

积分是衡量 Manus 使用的标准单位——任务越复杂或越长，所需的积分就越多。用户可以通过升级会员来获得更多积分。积分也可以通过购买的方式获得。

③知识。

知识功能，可以为 Manus 添加知识。

通过用户手动“投喂”Manus 相关内容，Manus 能学习用户的偏好以及执行任务时的最佳实践。这样，在有需要的时候，Manus 会自动回忆相关知识。

具体操作步骤如下：

第一步，点击“知识”按钮。

第二步，进入“知识”界面之后，点击右侧的“添加知识”按钮，如图 2–10 所示。

图 2–10 “知识”界面

第三步，进入“添加知识”界面后，手动输入知识名称、何时使用此知识、知识内容，然后在“状态”栏点击“已启用”，如图 2–11 所示。

第四步，点击“保存”。

图 2-11 “添加知识”界面

④账户。

账户，即用户账户。进入“账户”界面可以购买积分。

⑤设置。

在设置功能中，用户可以进行语言、外观、个性化设置。根据需要选择适合自己的设置结果，如图 2-12 所示。

■ 语言设置。

通常，语言选择“简体中文”即可。

■ 外观设置。

外观有“浅色”“深色”“跟随系统”三种选择。建议选择“浅色”，在 Manus 输出黑色字体之后，浅色的背景更易于我们阅览，获得良好的视觉感受。

■ 个性化设置。

点击右边的“开启”按钮，即可完成“个性化设置”。用

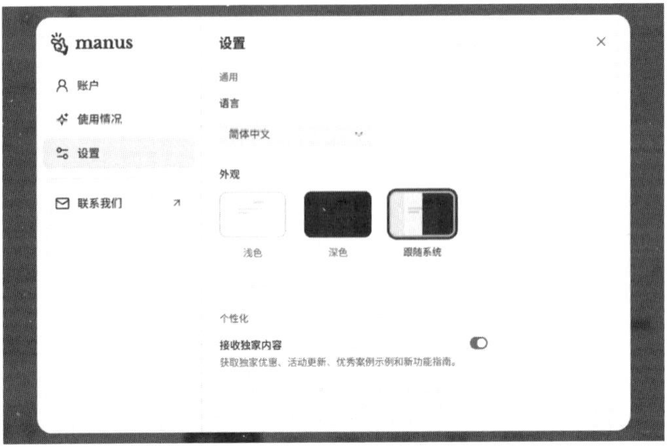

图 2-12 “设置”界面

户可以接收独家内容，包括获取独家优惠、活动更新、优秀案例示例和功能指南的信息。

⑥主页。

点击“主页”，即可进入 Manus 的主界面。

⑦联系我们。

如果在操作过程中有什么问题，或者有什么情况想要反馈给后台，就可以点击该按钮。

⑧通知。

在第二板块右下方“ ”按钮，即“通知”按钮。点击进入后，里面是系统发送的相关消息。

⑨下载应用。

“ ”即“下载 Manus”按钮。点击该按钮，会弹出一个二维码，扫描该二维码，即可下载 Manus。

⑩知识。

“💡”即“知识”按钮，点击进入“知识”界面，用户可以在这里添加知识。与第二板块的“知识”功能相同。

第三板块：附件上传、模式切换

第三板块是界面右边的板块。

（1）附件上传。

在“给 Manus 一个任务”的对话框中，将鼠标光标放在左下方类似曲别针的图标上，就能发现这是一个“附件上传”功能，如图 2–13 所示。在这里我们可以上传图片和各种类型的文件。

图 2–13 “附件上传”与“模式切换”

（2）模式切换。

在“附件上传”按钮的右侧，是一个“模式切换”功能按钮。点击这个按钮的“⌄”符号，出现“标准”和“高投入”两种模式可供选择。如图 2–13 所示。

①标准模式。

标准模式，就是在质量和速度之间，为用户提供最佳平衡，适用于各种日常需求的搜索。

②高投入模式。

在为我们输出内容时，高投入模式采用的是更长的思维链，并为我们提供更加详细的任务分解，而且需要更长的问题处理时间。在测试期间，用户在这个模式中每天只有 1 次使用权限。

如果默认选择，Manus 会根据用户输入问题的复杂程度，自动进行模式切换。

③插件工具。

在“给 Manus 一个任务”的对话框中，“ ”与“ ”这两个按钮是英语协作纠错插件工具。

④积分。

“✧390”指积分，即用户当下拥有的积分数量。

⑤任务发送。

“↑”这个按钮是任务发送按钮。点击该按钮，就可以将在任务栏中输入的任务发送给 Manus。

⑥知识。

任务发送栏下方的条框中，“”这个按钮是“知识”按钮。点击该按钮，就可以进入编辑知识界面。

⑦推荐。

在这里，用户可以根据自己的任务需求，选择相关的功能。比如，想要做数据分析方面的任务，就可以点击“数据分析”，然后进行后续操作。

创建与执行任务

在了解了 Manus 的界面与功能之后，就可以正式进入创建与执行任务阶段。

1. 创建任务

（1）在第一板块创建。

在第一板块的“新建任务”栏中，单击鼠标左键，输入相关任务内容，就可以通过 Manus 创建新任务，如图 2-14 所示。

（2）在第三板块创建。

在第三板块的“给 Manus 一个任务”栏中，单击鼠标左键，输入相关任务内容，同样可以通过 Manus 创建新任务，如图 2-14 所示。

图 2-14　在第一板块和第三板块创建任务

2. 执行任务

点击“新建会话”之后，将进入一个对话详情页。其右上方有一系列图标。这些图标，从左到右依次是“分享”“查看此任务中的所有文件”“收藏”“重命名”按钮。在对话详情页的下方、“向 Manus 发送消息”框之间，左边有一个长方形框，是“查看 Manus 的计算机”按钮；右边的一个长条框，是任务进度面板。

（1）分享。

点击“分享”按钮后，系统将弹出任务回放分享页面，提供两种分享范围选择：仅限自己和公开访问，如图 2-15 所示。

（2）此任务中的所有文件。

在执行任务的过程中，Manus 会根据任务类型生成几种

图 2-15 “分享此任务的回放”界面

不同类型的文件，如文档、PPT、图片、代码文件等。点击“ ”即“此任务中的所有文件”按钮之后，就可以根据用户需求，分类进行浏览，如图 2-16 所示。

图 2-16 “此任务中的所有文件”界面

（3）收藏。

点击“☆”，即“添加到收藏”按钮，就可以将该条对话在“历史聊天记录”中做置顶，如图 2-17 所示。

图 2-17　收藏后，对话在“历史聊天记录”中置顶

（4）重命名。

点击“···”，即“重命名”按钮，就可以在弹出的页面中对本次对话的标题做修改，如图 2-18 所示。

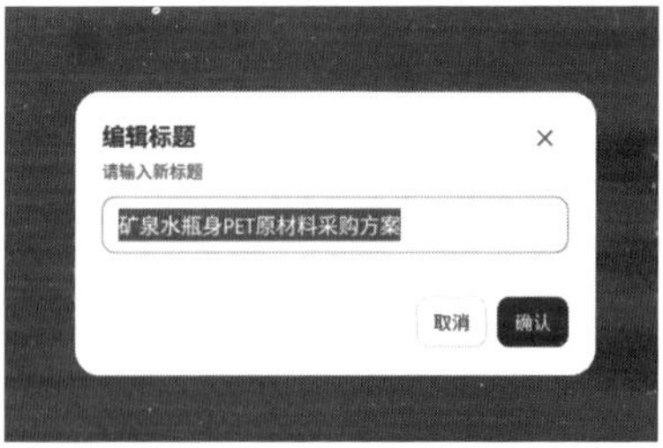

图 2-18　“重命名”的“编辑标题”界面

（5）查看 Manus 的计算机。

在对话界面下方可以找到“查看 Manus 的计算机”按钮，如图 2–19 所示。

图 2–19 “查看 Manus 的计算机”按钮

点击“查看 Manus 的计算机”按钮，即可在右侧栏弹出的“Manus 的电脑”页面中查看 Manus 执行任务的计算机。

在“Manus 的电脑”页面下方有一个滑动条，随意拖动即可查看每一步任务的实时执行情况，如图 2–20 所示。

（6）任务进度面板。

点击“任务进度面板”最右端的“ ^ ”按钮，即可查看当前 Manus 的任务进度情况，如图 2–21 所示。

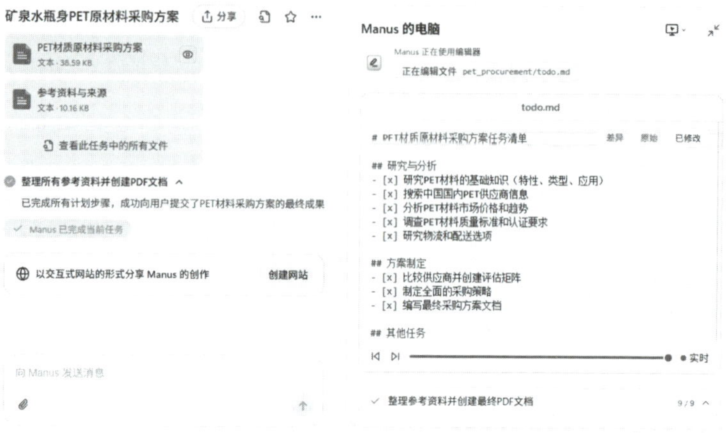

图 2-20 “Manus 的电脑”界面

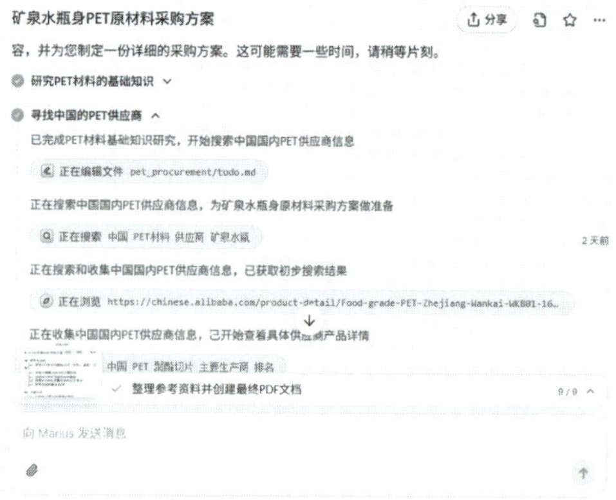

图 2-21 “任务进度面板”按钮

个性化与定制化服务

人的需求各有不同。当下，是追求个性化的时代，人们对个性化、定制化产品的青睐程度越来越高。只有能够提供个性化、定制化服务的产品，才是人们的“心头好”。Manus 就能满足人们个性化与定制化的需求。

同时，Manus 拥有很强的记忆功能，它能根据用户最初的设置以及偏好和习惯，在后续任务中，自动优化这些设置、偏好和习惯，为用户提供更加优质的个性化、定制化服务体验。

如果选择“学生党救星”，那么 Manus 会明白，当前的用户很可能是“学生党”。在后续对 Manus 的提问当中，Manus 会围绕“学生党”输出内容。

比如，我们向 Manus 输入一个任务：“生成高中化学氧化还原反应的动画演示。”Manus 就会根据我们的需求，自动搜索相关资料，爬取合适的动画，为高中学生量身定制专属动画，并确保学生用户能够看得懂、理解得了动画内容。

比如，我们向 Manus 输入一个任务：“周末去北京周边游玩，请提供一个可行性的游玩攻略。”Manus 就会根据我们的需求，同时结合我们“学生党”的身份以及经济状况，为我们提供更具安全性、性价比更高的游玩攻略。

Manus 已经不再扮演着传统意义上的一个简单的、冰冷的工具角色，而是成了我们身边名副其实的“智慧伴侣”。它既辅助我们有效提高工作、学习、生活效率，还能成为更懂我们的得力助手。Manus 的非凡能力，让我们感到惊艳不已，为我们营造了一种“真人干活”的感觉。

云端异步运行与跨平台支持

Manus 之所以被誉为全球首款真正意义上的通用 AI 智能体，除了其独特的独立思考、规划执行复杂任务的能力，还有一个独有的功能，就是云端异步运行。再加上 Manus 能够获得跨平台支持，可以说是非常给力的干活小助手。

如果我们正在让 Manus 帮助我们处理一个非常复杂的任务，需要等待较长一段时间才能获得输出结果，但我们临时有事，或者到了下班时间需要离开，此时该怎么办？是去还是留？相信很多人担心自己关机离开后，Manus 系统也会停止工作。等到自己再次回到电脑前，需要重新花时间等待 Manus 的输出结果，而这样很浪费时间。

其实，我们完全不用为此而担忧。Manus 有一个非常厉害的功能，就是支持用户跨平台操作。它允许用户在提交任务后关闭页面，任务在云端继续执行，完成后，Manus 会通过其他平台自动通知用户。这就是 Manus 的云端异步运行与跨平台支持功能。

具体而言，Manus 的云端异步运行与多平台支持功能，主要体现在以下几个方面。

1. 设置任务优先级

当有多个任务需要 Manus 执行时，用户可以为这些任务设置优先级。Manus 会在云端异步运行功能的支持下，按照用户需求，率先完成优先级高的任务。

> 比如，用户将上一季度的产品销售数据、市场数据与客户数据上传给 Manus，需要让 Manus 分别生成产品分析报告、市场分析报告、客户反馈整理。此时，可以设置优先级，让 Manus 首先完成市场分析报告，再完成产品分析报告，最后完成客户反馈整理。Manus 会按照优先级顺序依次处理，并输出结果。

2. 任务状态跟踪

对于那些需要耗费较长时间的任务，在 Manus 处理的过程中，用户可以随时检查任务进度。

> 比如，用户只需要询问：“我之前交给你的近五年新能源汽车数据分析任务进展如何了？”Manus 就会及时为用户展示实时处理状态。

3. 设置完成通知

用户可以在提交任务时对 Manus 提出要求，让其在任务完成后以用户想要的方式发送通知消息。

> 比如，用户可以对 Manus 提出通知要求：“等任务完成之后，请发送邮件通知我。”

4. 任务中断与恢复

如果在 Manus 执行任务的时候有暂停需求，那么用户可以明确告知 Manus，并在需要的时候要求 Manus 恢复运行。在重新提交时，勾选“从断点继续”选项，Manus 便会从中断点继续执行任务。

Manus 的云端异步运行与跨平台支持功能强大到能够帮助用户优化时间管理效率。对于那些处理耗时的任务，如十分庞大的数据分析工作等，非常适合交给 Manus 去处理。

我们交给 Manus 的每个任务，都会在独立的云端虚拟机中运行。我们可以随时查看任务处理进度，而不需要一直开着页面等结果产生。有了云端异步运行与跨平台支持这一强大功能，一方面有效避免了本地算力的限制以及对本地系统的影响，可以确保本地数据的隔离性与安全性；另一方面给了用户自由空间，用户可以去做更多有意义、有价值的事情。

常见问题与解决方案

在使用 Manus 的过程中，我们经常会遇到各种各样的问题。一方面是因为我们在使用和操作过程中，对 Manus 不太了解，导致操作不当；另一方面是因为 Manus 目前还处于内测阶段，受限于系统容量，会优先保障现有用户的核心体验。

以下是一些常见问题及解决方案。

1. 无法进入 Manus 界面

用户在下载了 Manus 应用之后，最大的问题就是点击之后进不去。

【解决方案】

用户之所以进不去，可能存在以下两种情况，第一，没有邀请码，第二，网络不佳。从这两方面入手即可解决这一问题。

（1）获取邀请码。

用户没有邀请码就无法激活账户，进而导致无法进入的情况发生。因此，耐心申请邀请码即可。

（2）检查网络。

如果用户网络信号差，也会出现无法进入 Manus 界面的情况。用户可以对自己使用的网络进行优化，或者直接更换到稳定的网络下重新操作。

2. 申请提交报错

在向 Manus 提交邀请码申请的时候，经常会出现报错提示，导致用户难以进行接下来的操作。

【解决方案】

很多用户使用的是英文版界面，在提交邀请码申请的时候，为了方便使用，会在申请时使用翻译插件。这是系统报错的重要原因之一。因此，如果你在 Manus 英文界面申请邀请码，就要注意不要使用翻译插件，保持在英文界面申请。或者直接在中文界面申请邀请码。

3. 申请邀请码失败

很多用户申请邀请码失败，其实造成这种情况，有以下几个方面的原因：

首先，内测限制。因为当前 Manus 处于内测阶段，邀请内测的容量有限，所以很多用户在申请邀请码的时候会出现内测限制的情况，从而导致申请失败。

其次，邮箱地址填写错误。

再次，使用非推荐邮箱。

最后，申请理由不够详细。

【解决方案】

（1）多次尝试申请，提高成功概率。

（2）检查个人邮箱地址是否正确。

（3）建议使用谷歌或企业邮箱进行注册，因为 163 邮箱或 QQ 邮箱可能无法接收到 Manus 方发出的邮件。

（4）申请理由应当尽量详细，表达自己对 Manus 的好奇和热爱，以及对 Manus 的潜在贡献、详细需求。描述得越详细，申请成功率越高。

4. 任务卡顿

在实际使用的过程中，会出现任务卡顿的情况，导致输出结果失败，给用户带来不良的使用体验。

【解决方案】

出现任务卡顿或输出结果失败，可能是因为操作不当。可以尝试以下操作：

（1）检查子步骤依赖项是否齐全，如 API（应用程序编程接口）权限是否已经打开。

（2）一次性给出的任务过多，可以尝试分段输入，让 Manus 分段执行。

5. 任务执行失败

任务执行失败也是常见问题之一。用户在向 Manus 输入相关任务之后，等待数秒，却发现 Manus 任务执行失败。

【解决方案】

造成任务执行失败的原因，可能是工具调用错误。因此，需要正确调用工具完成任务。

> 比如，用户下发一个旅行任务，其中涉及航班、酒店、地图、行程等多个子任务。用户需要选择正确的工具，如航班查询 API、地图信息、数据接口等，查询航班、酒店信息，Manus 会根据子任务生成详细的旅行手册。

6. 结果与预期不相符

用户在使用 Manus 的时候可能会发现，Manus 给出的内容并不是自己想要的，与自己的预期不符。

【解决方案】

出现的结果与预期不相符，可能是因为以下原因：

首先，输入任务的描述含糊不清。

其次，输入任务时，描述逻辑存在问题。

可以做进一步的调整和优化：

（1）检查任务描述是否清晰、准确，在必要的时候向 Manus 提供更多细节性的内容。

（2）在聊天窗口做指令迭代优化，让 Manus 的逻辑更加清晰。

第一次输出的内容为："五一期间，我和闺蜜想去重庆旅游，想要重点体验一下那里的风土人情。"这里并没有指明自己注重游玩体验还是考虑成本问题。

因此，可以再次输入指令进行优化，如"调整逻辑：优先考虑成本，预算控制在 7000 元以内"。这样，Manus 就会更加明确我们的指令，输出的结果也更加贴合我们的预期和需求。

7. 文件丢失

Manus 界面可能会出现"文件丢失"的情况，导致用户使用不畅。

【解决方案】

（1）这可能是在 Manus 输出结果的过程中出现了网络中断的情况，因此，需要仔细检查网络。

（2）到"历史记录"中回复异步任务结果。

2.2 高效操作逻辑

在 2025 年的 AI 浪潮中，Manus 正推动着人们工作、生活和学习模式的深刻变革。想要轻松玩转 Manus，除了了解

Manus 的基础操作方法和流程外，还需要掌握高效操作方法，从实战中练兵砺刃。

界面深度解析：3 个核心模块（输入 / 处理 / 输出）

说一千道一万，其实 Manus 界面的核心模块只有 3 个，分别是：输入、处理、输出。

1. 输入

用户在 Manus 的会话框中，用自然语言输入相关需求，描述任务目标，Manus 会自主完成数据收集、代码编写、图标生成等全流程工作，最终为用户输出相关内容。

2. 处理

Manus 被定义为一个能够独立思考、规划并执行复杂任务的智能体。在整个任务处理过程中，Manus 会十分认真地对待我们输入的需求。

3. 输出

经过一番处理之后，Manus 会生成最符合任务需求的处理结果，并呈现给用户。

在整个输入、处理、输出的过程中，Manus 通过“规划层—执行层—验证层”这一架构，实现了任务闭环。

1. 规划层

在规划层，Manus 的主要工作就是将任务目标做动态拆解，并将资源进行优化。

（1）动态任务拆解。

Manus 可以将用户输入的任务目标做多层次拆解，并生成多层子任务链。

（2）多模态理解。

Manus 无论对于文字、图像还是视频，都可以做轻松处理，实现信息的自由转换。这是因为 Manus 能够从本质上理解用户输入的任务，能够准确地理解用户的意图。

> 比如：用户输入“五一期间到重庆旅游”，Manus 就会将这个任务理解为：出行旅游→预算分配→酒店比价→路线规划→时间安排。

2. 执行层

执行层，主要是对用户给出的任务做复杂的操作。

具体来讲，就是 Manus 能够跨平台调用多种资源，包括浏览器、代码编辑器、文件处理器等超过 200 种工具，完成复杂的任务。

3. 验证层

验证层，就是通过双重校验机制，确保输入数据的一致性以及输出内容的可靠性。Manus 可以说是一名非常尽职尽责的“质量监督官”。

双重校验机制分别是：

（1）交叉验证。

当下信息泛滥，各种虚假信息如野草般疯长，容易给人造成误导。Manus 还会交叉验证多源数据的准确性，确保最终为用户提供的详细输出结果具有可靠性。这一机制进一步提升了 Manus 在处理复杂任务时的稳定性和可信度。

（2）逻辑检测。

在任务处理过程中，逻辑检测是确保输入、输出内容正确性、完整性和一致性的关键环节。

①输入环节。

Manus 在接收输入的数据或指令时，系统会通过多层验证确保数据的合法且符合业务逻辑。其中包含：

■ 格式验证，主要是对输入的数据格式（格式是否符合预定义的格式，如 XML、特定字符串模式），数据类型（如数值型字段不能包含字母）等进行确认。

■ 上下文逻辑检测，主要是对流程状态进行检测。

■ 数据一致性检查，即对多源数据进行对比，确保数据的一致性。

②输出环节。

在生成结果时，Manus 会进行最终验证，并确保结果有效。其中包含：

■ 结果完整性验证，即对输出内容做检查，确保数据没有在传输过程中丢失或损坏。

■ 业务员逻辑后验证，即保证输出的结果符合预期规划。比如，订单总价 = 单价 × 数量 + 运费。

■ 错误回滚机制，即在检测过程中，如果发现错误，就会触发回滚操作，防止错误输出。

基于这个闭环架构的保驾护航，使得 3 个核心模块能够高效工作，实现了从需求分析到任务拆解，再到成果输出的全流程自主执行。更重要的是，确保了输出数据的可靠性以及最终结果能够符合用户预期。

指令系统：自然语言指令与模板指令的灵活切换

Manus 有一个非常高阶的功能，就是实现自然语言指令与模板指令的灵活切换。

1. 自然语言指令

当用户输入自然语言指令时，Manus 会借助自己的自然语言处理技术自动拆解任务步骤，并调用相应的工具来执行这些步骤。比如调用与任务相关的数据，并将有用的数据生成可视化图表。

Manus 在接受自然语言指令时，仿佛在接受顾客的自由点菜，用户只要说出自己想要吃什么，有什么具体口味喜好即可。Manus 就像厨师一样，根据顾客要求灵活调整做法，最终给出一份满意的菜肴。

2. 模板指令

除了自然语言指令外，Manus 还支持模板指令。所谓“模板指令”，其实是一种预定义的指令格式。用户可以通过填充模板中的参数来快速生成任务。

> 比如，在筛选简历的过程中，用户可以使用模板指令指定筛选条件，如年龄、学历、经验等，生成符合要求的候选人列表。

模板指令，就好比 Manus 的菜单上都是套餐，已经为顾客搭配好了一些固定的菜品组合，顾客只要选择自己想要的套餐，然后告诉厨师（Manus）简单的口味偏好（填充模板参数），厨师就会快速为顾客备好套餐菜肴。

3. 自然语言指令与模板指令的灵活切换

那么 Manus 是如何实现自然语言指令与模板指令的灵活切换的呢?

这主要得益于 Manus 的多智能体协作系统。Manus 在接收用户指令后，会根据指令的类型调用相应的智能体或工具来执行任务。如果用户输入的是自然语言指令，Manus 就会将其转换为结构化指令，并调用相应的 LLM（大语言模型）来生成任务计划。如果用户输入的是模板指令，Manus 则直接解析模板中的参数，并调用相应的工具来执行任务。

换句话说，如果顾客想要更加自由和个性化的服务，就选择自由点菜（自然语言指令）；如果想要更加快速和便捷的服务，就选择套餐（模板指令）。无论何种选择，Manus 都能高效满足。

避坑指南：文件格式兼容性 / 隐私保护 / 数据备份

Manus 凭借其“无须人类干预，直接交付完整成果”的超级能力引爆科技圈。然而，我们在使用 Manus 的过程中，可能会因为操作不当而出现问题和错误。掌握必要的避坑指南，可以让我们在操作过程中少走很多弯路。

1. 文件格式兼容

Manus 在文档处理方面，展现出了惊人的天赋。与传统办公软件不同，Manus 不仅可以简单录入文字，还能调整文件格式。Manus 支持多种文件格式的转换，包括 Excel 文件（.xls 和 .xlsx）、PDF 文件（.pdf）、音频文件（.mp3）、CSV 文件（.csv）、JSON 文件（.json）等，用户在使用的时候不必为格式是否兼容而烦恼。

Manus 的文件格式兼容性，主要体现在以下几方面。

（1）任务定义。

在向 Manus 发布任务的时候，明确输出文件的格式要求。

例如：我们需要 Manus 根据某一产品数据，提供一份市场营销工作报告，此时，我们可以直接告知 Manus 需要输出文件的指定格式是 PDF、PPT，还是 Word。

（2）文件导入。

Manus 在帮助我们处理任务时，可以根据需要，自主导入相关文件，文件可能是 JPG 格式、PDF 格式、Excel 格式、MP3 格式等，Manus 能直接解析不同格式的文件，为自己处理任务时所用。

（3）文件导出。

Manus 在完成任务之后，会为我们生成一个语言，直接展示在主界面。如果想要保存为自己想要的格式，可以点击“下载”按钮，选择保存为我们想要的格式即可。

2. 隐私保护

保护个人隐私是每个人的基本权利，也是维护个人安全和社会秩序的重要一环。当下，人们对个人信息保护的意识有所觉醒，但在实际操作过程中往往存在判断能力不足、在不经意间疏忽的情况，从而泄露隐私。尤其是使用互联网时，要注意保护个人隐私信息。

人们在享受科技带来的便利的同时，难免存在隐私安全方面的担忧。其实，Manus 在研发的过程中，就已经植入了最先进的加密技术，对用户数据进行严格保护，确保所有的输入和输出数据都经过多层加密处理，确保用户隐私不会被泄露。同时，Manus 还会根据用户意愿，在用户授权下，使用用户数据进行相关任务处理。用户对于自己的数据拥有随时查看和管理的权利，对自己的数据拥有绝对的控制权。

用户可以在 Manus 设置隐私保护。具体操作步骤为：在“账户设置”当中找到“数据留存”选项，然后选择“24 小时后自动销毁”，Manus 就可以将用户不需要的数据信息自动销毁，保护用户隐私安全。

3. 数据备份

在数字信息爆炸的今天，数据已成为企业和个人生活不可或缺的核心要素。养成数据备份的好习惯，一方面可以避免意外损失，另一方面方便日后再次使用。

Manus 具有数据自动备份功能，能够确保数据信息安全不丢失。这一点无论对于企业还是个人用户来说，都很重要。

如果想要用 Manus 做手动数据备份，需要做好以下步骤：

第一步，需要绑定常用的接收备份数据的工具，如邮箱、

OA 系统等，以便 Manus 能够更好地协作。

第二步，为需要备份的数据设置参数，可以在输入执行任务时告知 Manus 自动备份的具体时间。

例如，输入任务时，告知 Manus："每天 0:00 自动备份数据库，结果格式为 PDF。"

此时，可以手动触发备份任务，或者设置为定时任务，让 Manus 在指定的时间完成数据自动备份。

Manus 作为一个实用性工具，为我们带来了前所未有的便利，为我们打开了一扇通往智能生活的大门。只有全面掌握 Manus 的功能，才能让其更好地为我们服务。

MANUS

第二部分

Manus 的常见应用场景

PART 2

跟很多 AI 工具一样，Manus 可用于多种场合，不管是公文写作，还是营销策划，抑或是人力资源管理，Manus 都可以从容应对。

第 3 章　工作场景赋能，提升办公效率

Manus 不再是一个普通工具，而是我们掌心里的“全能助手”。它能在我们忙碌的工作中，陪伴我们搞定一切，解锁 Manus 在工作场景中的隐藏技能，可以让我们的工作瞬间“开挂”，为我们开启一个 AI 办公的新时代。

3.1 公文与文案写作：各类公文撰写与爆款文案设计

有的工具只擅长生成图片或文字，有的工具只擅长生成表格和 PPT，但 Manus 能够将所有能力整合起来，给用户想要的结果。这就好比有的工具能帮我们切菜，有的工具能帮我们炒菜，而 Manus 不但会切菜，还会炒菜，能直接给我们做出一桌美味佳肴。

Manus 借助强大的自然语言处理技术和深度学习技术，理解和生成人类语言。这一点赋予了 Manus 超强的公文与文案写作能力。它能够根据用户提供的主题、关键词、大纲等，

生成具有连贯性、逻辑性的文本内容。

对于职场人员来说，Manus 成了我们 24 小时无休息的助理，助力我们在职场中站得更高、走得更远。

1. 公文撰写

Manus 在公文撰写方面，表现出极大的优势。

（1）保障政策合规性。

在研发的过程中，Manus 就被内置了各种公文标准模板库。这一操作，使得 Manus 能够自动匹配发文机关标识、文字符号等规范，实时校验公文表述等，确保公文表述的精准性。

（2）全流程自动化。

用户在输入关键词和所需文种之后，Manus 能快速生成包含总体要求、重点任务、保障措施这三个部分组成的初稿，并为用户智能匹配相关附件。此外，Manus 还可以对公文中相关数据做自动核验，减少人工疏漏。

（3）灵活适配需求。

用户无论有什么方面的公文写作需求，如通知、通报、报告、计划、简报等，Manus 都能做到灵活适配，确保满足用户不同需求，生成定制化内容。

2. 文案写作

Manus 在文案写作方面的卓越能力主要体现在以下几个

方面。

（1）创意表达。

Manus 凭借其强大的自然语言处理能力，能够生成高质量的文本内容。Manus 还支持多种文体风格，如正式、幽默、亲切等。如果用户没有给出明确的风格需求，Manus 会生成多种风格的文案，满足用户不同场景下的创作需求。

（2）多模态内容生成。

Manus 能够同步输出文本、PPT、图片、视频等多种形态的内容，例如在文案中附带相应的图片、文字、动图等，让生成的文案内容和形式更加丰富。

（3）内容优化。

Manus 能根据用户的任务快速完成文案初稿，之后会借助其逆向纠错机制做检测。在发现语义矛盾时，Manus 会纠正错误，生成终稿。这有效提升了文案的品质，减少了错误和矛盾。

※ 示例指令

设计一篇面向年轻用户的白酒文案，字数限制在 150 字以内。

※Manus 输出的内容

白酒文案初稿

文案 1：低度果味风格

「微醺时光，不止于酒」

一口微甜，一抹果香，这是属于我们的轻奢时光。低度果味，让白酒不再是长辈的专属。与朋友分享，与爱人共饮，在星空下畅聊，在派对中舞动。这不只是一杯酒，还是连接情感的桥梁，更是年轻态度的宣言。微醺之间，尽享生活之美。

文案 2：社交场景风格

「酒，不必拘泥于规则」

告别繁文缛节，重新定义饮酒方式。这款为年轻人设计的白酒，轻盈入口，余香绵长，携带方便。随时随地，与志同道合的朋友共享欢乐时光。不必劝酒，不必推杯换盏，只需随心畅饮，尽情表达自我。新一代的社交密码，由你定义。

文案 3：品质生活风格

「品一口，懂一生」

传承百年工艺，融入现代创新。每一滴都是匠心与时光的结晶，每一口都是传统与潮流的碰撞。低度更畅饮，果香更怡人。这不仅是一种饮品，更是一种生活态度——

追求品质，热爱生活，尊重传统，拥抱变化。属于年轻一代的白酒，属于懂得生活的你。

白酒文案最终版

文案 1：低度果味风格

「微醺时光，不止于酒」

一口微甜，一抹果香，这是属于我们的轻奢时光。低度果味，让白酒不再是长辈的专属。与朋友分享，在星空下畅聊，在派对中舞动。这不只是一杯酒，还是连接情感的桥梁，更是年轻态度的宣言。微醺之间，尽享生活之美。

文案 2：社交场景风格

「酒，不必拘泥于规则」

告别繁文缛节，重新定义饮酒方式。这款为年轻人设计的白酒，轻盈入口，余香绵长。随时随地，与志同道合的朋友共享欢乐时光。不必劝酒，不必推杯换盏，只需随心畅饮，尽情表达自我。新一代的社交密码，由你定义。

文案 3：品质生活风格

「品一口，懂一生」

传承百年工艺，融入现代创新。每一滴都是匠心与时光的结晶，每一口都是传统与潮流的碰撞。低度更畅饮，果香更怡人。这不仅是一种饮品，更是一种生活态度——

追求品质，热爱生活，尊重传统，拥抱变化。属于年轻一代的白酒，属于懂得生活的你。

3.2 营销策划：平台热点抓取 + 用户画像生成 + 投放方案优化

很多人在工作中会发现，自己在做营销策划工作的时候存在很多难点，如数据分析能力不足、资源配置不足、团队协作不畅等问题，最终导致费了很多精力和时间，做出的营销策划方案在推行的过程中却难以达到预期效果。

Manus 具备从规划到执行全流程自主完成任务的能力，它能够为我们直接交付完整的营销策划方案。Manus 在生成营销策划方面也是一把好手。其主要优势体现在以下几个方面。

1. 平台热点抓取

用户可以利用 Manus 的自然语言处理技术，对第三方平台，如抖音的热点标题进行关键词提取和情感分析，以更好地了解平台用户的需求和市场趋势，便于之后结合品牌用户画像，为品牌生成更加适合平台的广告营销策略。

2. 用户画像生成

Manus 可以轻松理解用户的具体问题，并将其进行拆解，然后给出一个用户画像任务清单。这份清单包括信息收集、数据分析、用户画像创建、文档完善、交付这几个部分。它会按照这个清单里的顺序解决用户所提的问题，最后生成一份详细、全面的用户画像。这份用户画像有助于更好地厘清用户需求和行为偏好，从而制定更加有效的营销策略。

3. 投放优化

Manus 可以通过用户行为数据，及时检测广告投放效果，调整投放策略，提高广告投放的转化率。

Manus 是我们工作中的得力伙伴，有了 Manus 的帮助，我们能够成功攻克营销策划方案撰写过程中的难点问题，让我们的工作更高效、更轻松。

※ 示例指令

为兰蔻生成用户画像。

※Manus 输出的内容

兰蔻品牌用户画像

一、人口统计学特征

■ 年龄分布：兰蔻主要吸引 25~40 岁的职场女性，不同产品线针对不同年龄段，如基础护肤针对 25~30 岁，高端抗衰老系列针对 30~40 岁，奢华系列则面向 35 岁以上消费者。

■ 收入水平：用户普遍具有中高收入水平，月收入

10 000 元以上，具备购买中高端化妆品的经济实力。

■ 教育程度：大多数用户拥有本科及以上学历，易于接受科技创新理念，并愿意为具有科学依据的护肤产品支付溢价。

■ 职业分布：以职场女性为主，包括企业白领、管理层、专业人士及女性企业家，她们注重个人形象，追求精致生活。

■ 地理分布：主要分布在中国的一、二线城市，如北京、上海等经济发达地区，同时也在向三、四线城市拓展。

二、用户心理特征

■ 价值观与生活态度：追求品质、自我投资、优雅自信、理性消费、开放创新。

■ 需求与动机：功能性需求（保湿、美白、抗衰老等），情感性需求（愉悦感和满足感），社交性需求（社交认同和地位象征），自我实现需求（展现个人品位），仪式感需求（享受美容护肤过程）。

■ 品牌认知与态度：视兰蔻为高品质、值得信赖的高端美妆品牌，认同其法式优雅和科技创新理念，对品牌有较高的忠诚度。

三、消费行为特征

■ 购买决策过程：包括需求识别、信息搜集、方案评估、购买决策和购后评价，其中 67% 的消费者的购买决策受在线评论影响。

■ 购买渠道偏好：多样化，包括线下专柜、品牌精品店、官方电商、线上平台及社交电商。

■ 产品偏好与使用习惯：护肤品是主要消费品类，明星产品如小黑瓶精华、菁纯系列等备受喜爱。使用频率高，护肤品平均 3~6 个月更换一次。

■ 品牌互动与忠诚度：用户积极参与会员活动，关注社交媒体账号，观看品牌直播，乐于分享使用体验，复购率高，尤其是明星产品系列。兰蔻通过会员体系有效提升了用户忠诚度。

3.3 人力资源：简历智能初筛 + 面试问题库动态更新

人力资源（HR）管理方面的工作是十分繁杂的，做人员招聘更是一项巨大的挑战。除了要做简历筛选，还要把握和拿捏好面试提问的高度和深度。这是对人力资源工作人员的耐力、专业度和情商的多重考验。只有各方面都做得好，才能提高招聘效率，为企业精准吸引人才。

Manus 在简历智能初筛、面试问题库动态更新两方面显示出极强的能力。

1. 简历智能初筛

Manus 在简历智能初筛方面，其核心优势在于其极简操作，可有效提升工作效率。在筛选简历的过程中，Manus 能够根据用户预设的筛选目标和需求，自动过滤学历、年龄、工作经验、技能等条件，对信息进行匹配和筛选，从而过滤掉不符合条件的简历。

此外，Manus 还能根据企业偏好或特定权重，对候选人进行排名和推荐，最终生成一个表格格式的结构化报告，供用户查看和进一步处理。

虽然 Manus 在简历智能初筛功能方面能力卓越，但也存在一些局限性。比如，对于抗压能力、沟通能力优秀这样的隐性特质，难以像人类 HR 一样通过细节推断出来。因此，在 Manus 初筛之后，还需要人工二次考量和评估。

2. 面试问题库动态更新

Manus 在对面试问题库进行动态更新的过程中，能够从以下几个方面更新内容。

（1）需求识别与解析。

Manus 可以对企业的招聘需求和岗位特点、技术发展趋势等进行快速识别，从而确定需要哪些类型的面试问题。

（2）自动爬取和整合。

Manus 能直接访问各大招聘网站和社交媒体平台，从中爬取最新的面试问题和答案，并进行分类与整合。

（3）智能推荐与更新。

Manus 在收集到足够多的数据后，会根据企业特点和岗位需求，为其智能推荐和更新面试问题库，包括添加新问题、删除过时的问题、合并相似问题、调整问题权重和顺序等。

（4）效果评估与优化。

对于用户的使用情况和反馈，Manus 可以对面试问题库的效果进行评估和优化，帮助企业不断提升招聘的质量和效果。

Manus 能帮助 HR 有效解决招聘难点，让人感受到立竿见影的招聘效率。可以预见，未来“AI 面试官”将成为一种招聘新潮流。

※ 示例指令

以下是一家公司针对主播面试时的问题库，结合当下直播技术、大众对直播的认知等，在该问题库的基础上提出的一些更具创新性的面试问题。

1. 自我介绍与背景考察

“请简单介绍一下自己，包括个人经历、兴趣爱好等。”

“你为什么选择成为主播？”

“你认为自己有哪些优势适合这个岗位？”

2. 专业技能考核

“请描述一次你成功完成直播的经历，包括直播前的准备、直播过程中的关键环节以及直播后的效果评估。”

“假设你需要推广一款新产品，你会如何设计直播内容和互动环节来吸引观众？”

3. 应对突发状况的能力

“在直播过程中遇到技术问题或观众投诉时，你会如何处理？”

“如果直播间的人数突然大幅下降，你会采取什么措施来挽回局面？”

4. 团队合作与沟通能力

“你如何看待团队合作在直播中的重要性？请分享一次你在团队中成功合作的经历。”

“与运营团队意见不合时，你会如何沟通并达成共识？”

5. 市场敏锐度与创新性

“你如何保持对市场趋势的敏锐度，以便及时调整直播策略？”

“请提出一个创新的直播方案，并阐述其可行性和预期效果。”

6. 职业规划与自我管理能力

“请谈谈你对未来几年的职业规划，以及你希望在这个行业中达到的目标。”

“你如何管理自己的时间和情绪，以确保在直播中保持最佳状态？”

※Manus 输出的内容

2025 年直播主播面试创新问题库

引言

直播行业正经历变革，5G、AI、VR/AR 等新技术及新兴商业模式带来新机遇。为选拔适应变革的主播人才，我们设计了创新面试问题库，共八类，可全面评估应聘者能力，助力企业选拔未来直播行业的优秀人才。

以下是在原有问题基础上做的创新。

1. 自我介绍与背景考察

“如果要用一个短视频来介绍自己，您会如何设计这个视频的内容和形式，以展现自己最适合直播岗位的特质？”

“在您的职业生涯中，您是否曾经接触过 VR/AR 等新兴技术？如果有，请分享您的体验和见解；如果没有，您对在直播中应用这些技术有何看法？”

“面对‘店播’等新兴直播模式的兴起，您认为自己的哪些特质或经验能够帮助品牌更好地通过直播实现商业价值？”

“您如何看待 AI 虚拟主播的发展？作为人类主播，您认为自己相比 AI 主播来说，您的核心竞争力在哪里？”

2. 专业技能考核

“如果您要设计一场融合 VR 技术的沉浸式直播体验，您会如何规划内容和互动环节？请详细描述您的创意和技术实现思路。”

“‘店播’模式正成为电商直播的主流，如果您受邀为一家传统零售品牌策划首场‘店播’，您如何设计直播内容、场景布置和互动环节？”

“如何看待和利用直播间实时数据？请详细说明您会关注哪些关键指标，以及如何根据这些指标实时调整直播策略。”

3. 应对突发状况的能力

“在进行户外直播时，若突然遇到 5G 信号不稳定导致画面卡顿，您如何在技术层面和内容层面双重应对？”

“如果在直播过程中，AI 内容审核系统错误地标记您的内容违规并发出警告，您会如何处理这种情况？”

“在一场重要的品牌合作直播中，合作方临时要求增加 AR 互动环节，但您之前没有相关准备，您会如何应对？”

4. 团队合作与沟通能力

“在全链路直播运营模式下，您需要与内容策划、技术支持、供应链管理等多个团队协作，您如何确保高效沟通和无缝协作？”

“如果您的团队正在尝试引入新的直播技术（如 VR/AR），但团队成员对此持不同意见，您会如何促进团队达成共识？”

“在与 AI 技术团队合作开发直播互动功能时，您作为内容创作者，如何向技术人员清晰表达您的创意需求？”

“在‘店播’模式下，您需要与品牌方、产品经理和销售团队紧密合作，您如何平衡各方需求，确保直播效果最大化？”

5. 市场敏锐度与创新性

“面对去中心化直播趋势的兴起，您认为中小主播如何才能在激烈的市场竞争中脱颖而出？”

“请分析一下当前直播行业中 AI 技术应用的优势和局限性，并提出您认为可能的创新应用方向。”

“在您看来，未来直播行业最有潜力的细分领域是什么？为什么？您如何抓住这一机遇？”

“请设计一个融合 5G、AI 和 VR/AR 技术的创新直播方案，并说明其商业可行性和预期效果。”

6. 职业规划与自我管理能力

“在 AI 虚拟主播日益普及的背景下，您对自己未来 3~5 年的职业发展有何规划？您如何持续提升自己的核心竞争力？”

“直播行业技术更新迭代速度快，您会采取什么措施来确保自己不被技术发展所淘汰？”

“在‘店播’模式下，主播往往需要兼具内容创作者和销售人员的双重角色，您会如何平衡这两个角色，并在两个方向上同时提升自己？”

“面对全天候直播的工作需求，您如何科学安排作息，在保持身心健康的同时确保直播质量？”

“在数据驱动的直播环境中，您如何利用数据分析结果来指导自己的职业成长和能力提升？”

7. 技术适应与学习能力（新增类别）

“您最近学习了哪些与直播相关的新技术或工具？请分享您的学习过程和应用体验。”

“如果公司决定采用一套全新的直播技术系统，您如何快速适应并掌握这套系统？”

“您如何看待直播技术与内容创作之间的关系？技术应该服务于内容，还是内容应该适应技术？”

“如果您要在一周内学习并掌握一项全新的直播技术

（如实时动作捕捉），您如何规划您的学习路径？”

8. 商业价值与变现能力（新增类别）

“在当前直播电商环境下，您认为主播为品牌创造价值的核心要素有哪些？您如何平衡品牌调性与个人风格？”

“面对日益理性的消费者，您会采取什么策略来提高直播间的转化率？”

“在不同的直播平台上，变现模式存在差异，您如何根据平台特性调整自己的内容和变现策略？”

“您如何看待主播的个人 IP 建设与商业价值之间的关系？您如何打造自己独特的 IP，并实现长期商业价值？”

3.4 财务分析：快速捕捉特定市场的现金流变化

在财务管理过程中，财务人员会面临许多重复性和烦琐的工作，如财务处理、报表编制等。这些工作不但让财务人员的工作效率低下，稍有不慎还会出错，给企业造成巨大的损失，可谓“差之毫厘，谬以千里”。如何提升工作效率、降低出错率，是每个财务人员迫切想要解决的问题。

Manus 作为 AI 领域杀出的一匹黑马，在财务领域大显身手，可帮助财务人员重燃工作热情。这里以快速捕捉特定市场的现金流变化为例，详细阐述 Manus 在财务分析领域的过人之处。以下是 Manus 在快速捕捉特定市场的现金流变化过程中的具体表现。

1. 数据收集与预处理

Manus 能够自动收集、处理和分析市场中的大量数据，包括资金流向、板块表现等关键信息，为投资者提供及时、精准的市场动态。

2. 多工具全链路整合

Manus 能够整合浏览器、数据分析等工具，让自身具备“工作流水线”能力，自主规划搜索、抓取数据，并生成可视化图表和专业的市场分析报告。

3. 实时跟踪与策略调整

Manus 能够实时追踪市场的资金流动情况，根据市场变化，及时调整投资策略，帮助投资者抓住短期投资机会。

Manus 在财务分析方面表现出显著的优势和清晰的逻辑，不仅为财务人员带来了极大的助力，还护航企业的日常运行，为企业赋能，实现企业 AI 化运营。

※ 示例指令

用表格的形式整理一下近 3 年新能源汽车市场的现金流变化，并对相关数据做分析。

※Manus 输出的内容

近 3 年新能源汽车市场现金流变化分析报告

摘要

本报告对近 3 年（2022—2024 年）中国新能源汽车市场的现金流变化进行了全面分析。

一、市场概况

中国新能源汽车市场近 3 年保持快速增长，渗透率从 2022 年的约 34.0% 上升至 2024 年的约 39.7%，2024 年 4 月上半月甚至达到 50.4%。市场预测 2025 年中国新能源汽车销量将达到 1578 万辆，持续的市场扩张为企业提供了改善现金流的机会（表 1）。

表 1　2022—2025 年中国新能源汽车市场销量情况

年份	中国新能源汽车销量 / 万辆	渗透率 /%	变化趋势
2022 年	685.81	约 34.0	上升
2023 年	948.21	约 39.7	上升
2024 年	超 1200	约 39.7	上升
2025 年（预测）	1578	更高	上升

二、主要企业现金流状况

1. 现金储备情况

主要新能源汽车企业的现金储备呈现不同的发展轨迹（表 2）。

表 2　主要新能源汽车企业的现金储备情况（2022—2024 年）

企业名称	2022 年现金储备 / 亿元	2023 年现金储备 / 亿元	2024 年现金储备 / 亿元	变化趋势
理想汽车	未详细披露	1036.7	1065	上升
蔚来汽车	未详细披露	573	453/422	下降
小鹏汽车	历史低位	457	414	先升后降
长安汽车	未详细披露	未详细披露	未详细披露	—

2. 经营活动现金流情况

经营活动现金流方面，市场呈现明显分化（表 3）。

表 3　主要新能源汽车企业的经营活动现金流情况（2022—2024 年）

企业名称	2022 年经营活动现金流净额情况	2023 年经营活动现金流净额情况	2024 年经营活动现金流净额情况	变化趋势
长安汽车	未详细披露	19 861 466 237.56 元	4 849 398 813.14 元	下降 75.58%
理想汽车	亏损	赢利	赢利（净利润 80.45 亿元，同比降 31.9%）	先升后降
蔚来汽车	亏损	亏损（净亏损 207.2 亿元）	亏损（净亏损 224.017 亿元，同比增长 8.1%）	亏损扩大
小鹏汽车	亏损	亏损（净亏损 103.76亿元）	亏损（净亏损 57.9 亿元，同比减少 44.2%）	亏损收窄

3. 自由现金流情况（表 4）

表 4　不同车企的自由现金流情况（2022—2024 年）

企业类型	2022 年情况	2023 年情况	2024 年情况	变化趋势
造车新势力	普遍自由现金流净流出	自由现金流净流出	部分企业自由现金流改善	逐步改善
传统车企新能源业务	未详细披露	未详细披露	部分企业现金流承压	承压

三、影响现金流的关键因素分析

1. 毛利率变化

毛利率是影响现金流的关键指标，三大造车新势力表现各异（表 5）。

表 5　三大造车新势力的毛利率表现（2022—2024 年）

企业名称	2022 年毛利率 /%	2023 年毛利率 /%	2024 年毛利率	变化趋势
理想汽车	19.4	22.2	20.5%	先升后降
蔚来汽车	10.4	5.5	未详细披露	下降
小鹏汽车	11.5 左右	1.47	未详细披露	大幅下降

2. 单车赢利能力

单车赢利能力直接影响企业的现金流健康度（表 6）。

表 6　三大造车新势力的单车赢利能力（2022—2024 年）

企业名称	2022 年单车赢利 / 万元	2023 年单车赢利 / 万元	2024 年单车赢利 / 万元	变化趋势
理想汽车	约 2.6	约 3.14	未详细披露	上升

续表

企业名称	2022 年单车赢利 / 万元	2023 年单车赢利 / 万元	2024 年单车赢利 / 万元	变化趋势
蔚来汽车	约 5.09	约 2.92	未详细披露	下降
小鹏汽车	未详细披露	单车亏损约 0.3（销售成本 20.1 万元，单车收入 19.78 万元）	未详细披露	亏损

3. 销量增长情况

三大造车新势力销量均实现增长，其中理想汽车增长最为显著（表 7）。

表 7　三大造车新势力销量均实现增长（2022—2024 年）

企业名称	2022 年销量 / 万辆	2023 年销量 / 万辆	2024 年销量 / 万辆	变化趋势
理想汽车	13.3	37.6	50.05	大幅上升
蔚来汽车	12.2	16	22.2	上升
小鹏汽车	12.6	14.16	19.01	上升

四、现金流变化的主要原因

1. 价格竞争加剧：2023—2024 年新能源汽车市场价格战持续升级，导致企业单车收入下降，毛利率承压，进而影响现金流。

2. 研发投入持续增加：新能源车企在智能化、电动化领域的研发投入巨大，蔚来汽车 2024 年研发费用高达

130.373 亿元，是小鹏汽车的 2 倍，这对现金流造成显著压力。

3. 规模效应差异：理想汽车凭借销量快速增长实现了规模效应，而蔚来汽车和小鹏汽车的销量增速相对较慢，难以有效摊薄固定成本。

4. 成本控制能力：理想汽车展现出较强的成本控制能力，被业内称为“抠厂”，其销售成本率从 2022 年的 80.59% 进一步降至 2023 年的 77.8%，而蔚来汽车和小鹏汽车的销售成本率分别高达 94.51% 和 98.53%。

5. 商业模式差异：蔚来汽车的换电模式虽有长期战略价值，但短期内对现金流造成压力；理想汽车的增程式技术路线则帮助其在当前阶段实现了更好的成本控制。

6. 外部环境变化：新能源补贴退坡、原材料价格波动、海外市场拓展成本增加等因素都对企业现金流产生了影响。

3.5 法律文书：对合同文书做关键条款提取与合规审查

与客户生意往来，少不了签订合同。合同的签订，在一定程度上可避免“信任危机”。

在签订合同时，相关工作人员需要仔细审视各项条款，确保合同内容的明确性、具体性、一致性，保障企业利益不受损害。但有的时候，签订合同的内容较多，这对工作人员知识的专业度、阅读耐力、用词敏感度、法律法规合规性的识别能力等提出了极大的考验。稍有疏忽，对企业造成的危害不可估量。

Manus 在对合同文书做关键条款提取与合规审查方面，有极大的优势，主要有如下几方面表现。

1. 快速收集合同数据

Manus 能对用户给出的合同文件中的数据进行快速收集，并进行预处理和清洗，以确保后续分析工作的准确性与可靠性。

2. 关键条款提取

Manus 还能借助自然语言处理和文本挖掘技术，自动提取合同中的关键条款，如合同双方信息、合同关键权利与义务、合同标的等，让用户对合同的整体内容能够快速、精准把握。

3. 合规性对比

对于合同中的条款是否与法律数据库中的合规要求相符合，Manus 可以通过将二者进行对比，从中识别潜在合规风险。

4. 风险标注与报告生成

一旦发现合同中存在风险点，Manus 就会快速将其标注，并生成详细的合规审查报告，以供工作人员参考和决策。

有了 Manus 的帮助，合同文书的审查工作变得轻松、高效了很多，规范了法律文书、提升了合同的质量，也为企业提供了强有力的合规保障，避免了因为法律风险而引发的纠纷。

※ 示例指令

提取以下合同全部内容中的关键条款。

企业文员劳动合同

甲方（用人单位）：______________________________

统一社会信用代码：______________________________

地址：______________________________

法定代表人 / 负责人：______________________________

联系电话：______________________________

乙方（劳动者）：______________________________

身份证号：______________________________

户籍地址：______________________________

现住址：______________________________

联系电话：______________________________

目录

合同期限与试用期

工作内容与职责

工作时间与休假制度

劳动报酬与员工福利

社会保险与公积金

培训与服务期协议

知识产权归属

保密义务与竞业限制

劳动保护与工作条件

合同变更、解除与终止

违约责任与争议解决

其他约定

附件清单

第 1 条　合同期限与试用期

1.1 本合同为固定期限劳动合同，期限自______年______月______日至______年______月______日。

1.2 试用期：______个月，自______年______月______日起计算，试用期工资为正式工资的 80%（即人民币______元 / 月），且不低于当地最低工资标准。

1.3 试用期内，甲方有权根据《录用条件确认书》（附件 1）对乙方进行考核，不符合录用条件者，甲方可单方解除合同。

第 2 条　工作内容与职责

2.1 岗位名称：企业文员

具体职责包括：

文件起草、归档及电子数据管理；

会议记录、行政事务协调及客户沟通；

执行上级交办的专项任务。

2.2 乙方需接受甲方绩效考核，具体标准见附件 2《岗位职责说明书》及附件 3《绩效考核制度》。

第 3 条　工作时间与休假制度

3.1 标准工时制：每日工作 8 小时，每周工作 5 天（周一至周五）。

3.2 加班规定：

工作日加班按 150% 工资支付，休息日 200%，法定节假日 300%；

加班需提前填写《员工福利实施细则》（附件 4）并经审批。

3.3 休假权利：

带薪年假：工作满 1 年不满 10 年，享 5 天，满 10 年不满 20 年，享 10 天，满 20 年，享 15 天；

病假：凭医院证明按 70% 工资支付，年累计不超过 30 天；

婚假、产假、丧假等按国家规定执行。

第 4 条　劳动报酬与员工福利

4.1 工资结构：

基本工资：______元 / 月；

岗位津贴：______元 / 月；

绩效奖金：0~______元 / 月（按季度考核发放）。

4.2 福利待遇：

健康福利：年度体检、补充医疗保险（覆盖门诊及住院费用）；

节日福利：春节、中秋等节日礼品或现金补贴（不低于______元 / 次）；

职业发展：年度培训预算______元 / 人，用于技能认证或外部课程；

其他福利：通信补贴______元 / 月、交通补贴______元 / 月、弹性工作制（每周可申请 1 天远程办公）。

第 5 条　社会保险与公积金

5.1 甲方依法为乙方缴纳养老保险、医疗保险、失业保险、工伤保险、生育保险及住房公积金。

5.2 缴费基数：按乙方实际工资或当地社保局规定下

限执行。

第 6 条　培训与服务期协议

6.1 培训类型：

岗前培训：入职后 7 日内完成，内容包括公司制度、岗位技能；

专项培训：甲方为乙方提供的外部认证培训（如 Office 高级认证、档案管理师等），费用由甲方承担。

6.2 服务期约定：

若甲方为乙方提供专项培训费用超过______元，乙方需履行服务期______年；

服务期内乙方单方解除合同，需按未履行期限比例赔偿培训费用（详见附件 5《培训服务协议》）。

第 7 条　知识产权归属

7.1 职务成果：乙方在职期间因工作产生的文档、设计、数据、发明等知识产权归甲方所有。

7.2 署名权：乙方可要求在成果中署名，但不得妨碍甲方使用。

7.3 侵权责任：乙方不得将第三方知识产权用于工作，否则自行承担法律责任（详见附件 6《知识产权归属声明》）。

第 8 条　保密义务与竞业限制

8.1 保密义务：

保密范围：客户名单、财务数据、技术资料、营销策略等（详见附件 7《保密协议》）；

保密期限：在职期间及离职后______年。

8.2 竞业限制：

离职后______年内不得入职与甲方业务竞争的企业；

补偿金标准：离职前 12 个月平均工资的 30%，按月支付；

违约金：______元（不超过补偿金总额的 2 倍）。

第 9 条　劳动保护与工作条件

9.1 甲方提供符合国家标准的办公设备（电脑、打印机、办公软件等）。

9.2 乙方须遵守《信息安全管理制度》（附件 8），禁止私自拷贝、删除公司数据。

第 10 条　合同变更、解除与终止

10.1 双方协商一致可书面变更或解除合同。

10.2 甲方解除权：

乙方严重失职造成损失超______元；

乙方被追究刑事责任；

企业经营调整需裁员（依法支付经济补偿）。

10.3 乙方解除权：提前30日书面通知（试用期提前3日）。

第11条　违约责任与争议解决

11.1 乙方违反服务期、保密或竞业限制条款，需赔偿甲方实际损失及合理维权费用。

11.2 争议解决：向甲方所在地劳动争议仲裁委员会申请仲裁。

第12条　其他约定

12.1 本合同未尽事宜，按《中华人民共和国劳动合同法》及甲方《员工手册》（附件9）执行。

12.2 通知送达：一方变更地址需书面告知，否则以本合同载明地址为准。

第13条　附件清单

附件1:《录用条件确认书》

附件2:《岗位职责说明书》

附件3:《绩效考核制度》

附件4:《员工福利实施细则》

附件5:《培训服务协议》

附件6:《知识产权归属声明》

附件7:《保密协议》

附件8:《信息安全管理制度》

附件 1:《录用条件确认书》

甲方：______

乙方：______

1. 基本录用条件：

学历要求：大专及以上学历（需提供学历证明）；

技能要求：熟练使用 Office 办公软件（需通过实操测试）；

无犯罪记录（需提供公安机关证明）。

2. 试用期考核标准：

文件处理效率：每日完成至少 20 份文件的归档及电子化；

考勤记录：试用期内迟到 / 早退累计不超过 3 次；

上级评价：综合评分不低于 80 分（满分 100）。

3. 不符合录用条件的情形：

提供虚假个人信息或伪造证件；

试用期考核未达标且经培训后仍不合格。

乙方签字确认：______

日期：______年______月______日

附件 2:《岗位职责说明书》

岗位名称：企业文员

直接上级：行政主管

1. 核心职责：

文件管理：

起草、校对公司通知、会议纪要等文书；

纸质文件归档及电子化存储（按《档案编码规则》执行）。

行政支持：

安排会议场地、记录会议内容并形成纪要；

办公用品采购及库存管理。

数据维护：

更新客户/供应商联系表，确保信息准确率≥ 95%；

定期备份电子数据至公司云端服务器。

2. 绩效指标（季度考核）：

文件处理及时率：≥ 90%；

数据错误率：≤ 5%；

上级满意度评分：≥ 80 分。

附件 3:《绩效考核制度》

适用范围：企业文员岗位

1. 考核周期：

每季度一次，每年 1 月、4 月、7 月、10 月进行。

2. 考核指标及权重：

工作质量（40%）：文件准确性、数据完整性；

工作效率（30%）：任务按时完成率；

协作能力（20%）：跨部门沟通反馈评分；

考勤纪律（10%）：迟到 / 早退 / 旷工记录。

3. 考核结果应用：

优秀（≥ 90 分）：绩效奖金上浮 20%；

合格（70 ~ 89 分）：全额发放绩效奖金；

不合格（＜ 70 分）：取消当季奖金，安排培训改进。

附件 4:《员工福利实施细则》

1. 健康福利：

年度体检：指定合作机构（如美年大健康），标准为______元 / 人；

补充医疗保险：覆盖门诊（报销 80%）、住院（报销 90%），年保额上限______元。

2. 节日福利：

春节：现金红包______元或等价礼品（如礼盒）；

中秋：月饼礼盒（价值≥______元）或购物卡；

妇女节（女性员工）：鲜花或______元津贴。

3. 职业发展：

培训补贴：凭发票报销外部课程费用，年上限____元；

书报费：每月报销______元专业书籍 / 期刊费用。

附件 5:《培训服务协议》

甲方：______

乙方：______

1. 培训项目：______

2. 培训费用：

学费：______元；

差旅费：交通费______元 + 住宿费______元；

材料费：教材及考试费______元；

合计：______元（附支付凭证）。

3. 服务期：

自培训结束之日起______年（例：2 年）。

4. 违约责任：

服务期内乙方主动离职，需赔偿金额 = 培训总费用 ×（未履行服务期 ÷ 约定服务期）；

赔偿金需在离职后 15 日内支付，逾期按每日 0.05% 加收滞纳金。

乙方签字：______

日期：______年______月______日

附件 6:《知识产权归属声明》

甲方：______

乙方：______

1. 职务成果定义：

乙方在职期间创作 / 开发的所有与工作相关的文档、设计、软件、数据等；

利用甲方设备、资金或商业秘密完成的作品。

2. 权利归属：

所有知识产权（包括著作权、专利权、商标权）归甲方所有；

乙方需在成果完成后 3 日内提交甲方，并签署《知识产权转让确认书》。

3. 侵权责任：

乙方擅自使用第三方作品导致甲方损失的，需全额赔偿（含诉讼费、和解金等）。

乙方签字：______

日期：______年______月______日

附件 7:《保密协议》

甲方：______

乙方：______

1. 保密信息范围：

技术信息：产品设计图、源代码、测试数据；

经营信息：客户名单、供应商报价单、成本核算表；

财务信息：未公开的财务报表、审计报告。

2. 保密义务：

在职期间：不得向无关人员透露保密信息；

离职后：保密期限为______年（不超过 2 年）。

3. 泄密责任：

违约金：一次性支付______元；

赔偿金：按实际损失计算（包括甲方商誉损失）。

乙方签字：______

日期：______年______月______日

附件 8:《信息安全管理制度》

适用范围：全体在职员工

1. 数据管理：

禁止私自将公司数据拷贝至个人设备或外网存储；

重要文件需加密处理，密码由部门主管统一保管。

2. 设备使用：

办公电脑安装指定杀毒软件，每周更新一次；

离职时需格式化设备并签署《设备交接确认单》。

3. 违规处罚：

首次违规：书面警告 + 扣除当月绩效奖金 20%；

累计三次违规：解除劳动合同。

※Manus 输出的内容

企业文员劳动合同关键条款提取

1. 合同期限与试用期

■ 合同类型：固定期限劳动合同。

■ 试用期工资：正式工资的 80%，不低于当地最低工资标准。

■ 试用期考核：根据《录用条件确认书》进行，不符合录用条件可单方解除合同。

2. 工作内容与职责

■ 岗位名称：企业文员。

■ 主要职责：

· 文件起草、归档及电子数据管理。

· 会议记录、行政事务协调及客户沟通。

· 执行上级交办的专项任务。

■ 绩效考核：按《岗位职责说明书》及《绩效考核制度》执行。

3. 工作时间与休假制度

■ 工作制度：标准工时制，每日 8 小时，每周 5 天（周一至周五）。

■ 加班规定：

· 工作日加班 150% 工资，休息日 200%，法定节假日

300%。

· 需提前填写《员工福利实施细则》并获批。

■ 休假权利：

· 带薪年假：工作满 1 年不满 10 年享 5 天，满 10 年不满 20 年享 10 天，满 20 年享 15 天。

· 病假：凭医院证明按 70% 工资支付，年累计不超过 30 天。

· 婚假、产假、丧假等按国家规定执行。

4. 劳动报酬与员工福利

■ 工资结构：

· 基本工资。

· 岗位津贴。

· 绩效奖金：0～一定金额 / 月（按季度考核发放）。

■ 福利待遇：

· 健康福利：年度体检、补充医疗保险（覆盖门诊及住院费用）。

· 节日福利：春节、中秋等节日礼品或现金补贴。

· 职业发展：年度培训预算。

· 其他福利：通信补贴、交通补贴、弹性工作制（每周可申请 1 天远程办公）。

5. 社会保险与公积金

■ 五险一金：养老保险、医疗保险、失业保险、工伤保险、生育保险及住房公积金。

■ 缴费基数：按实际工资或当地社保局规定下限执行。

6. 培训与服务期协议

■ 培训类型：

· 岗前培训：入职后 7 日内完成。

· 专项培训：外部认证培训，费用由公司承担。

■ 服务期约定：

· 专项培训费用超过一定金额需履行服务期。

· 服务期内单方解除合同需按比例赔偿培训费用。

7. 知识产权归属

■ 职务成果：在职期间因工作产生的知识产权归公司所有。

■ 署名权：员工可要求在成果中署名，但不得妨碍公司使用。

■ 侵权责任：不得将第三方知识产权用于工作，否则自行承担法律责任。

8. 保密义务与竞业限制

■ 保密义务：

· 保密范围：客户名单、财务数据、技术资料、营销策略等。

· 保密期限：在职期间及离职后一定年限。

■ 竞业限制：

· 离职后一定年限内不得入职与公司业务竞争的企业。

· 补偿金标准：离职前 12 个月平均工资的 30%，按月支付。

· 违约金：不超过补偿金总额的 2 倍。

9. 劳动保护与工作条件

■ 办公设备：公司提供符合国家标准的办公设备。

■ 信息安全：员工须遵守《信息安全管理制度》，禁止私自拷贝、删除公司数据。

10. 合同变更、解除与终止

■ 变更方式：双方协商一致可书面变更或解除合同。

■ 公司解除权：

· 员工严重失职造成重大损失。

· 员工被追究刑事责任。

· 企业经营调整需裁员（依法支付经济补偿）。

■ 员工解除权：提前30日书面通知（试用期提前3日）。

11. 违约责任与争议解决

■ 违约责任：违反服务期、保密或竞业限制条款，需赔偿实际损失及合理维权费用。

■ 争议解决：向公司所在地劳动争议仲裁委员会申请仲裁。

12. 其他约定

■ 未尽事宜：按照《中华人民共和国劳动合同法》及公司《员工手册》执行。

■ 通知送达：一方变更地址需书面告知，否则以合同载明地址为准。

13. 附件清单

合同包含 8 个附件：

■《录用条件确认书》

■《岗位职责说明书》

■《绩效考核制度》

■《员工福利实施细则》

■《培训服务协议》

■《知识产权归属声明》

■《保密协议》

■《信息安全管理制度》

附件重要条款摘要

附件 1:《录用条件确认书》

■ 基本录用条件：大专及以上学历、熟练使用 Office

办公软件、无犯罪记录。

■ 试用期考核标准：文件处理效率、考勤记录、上级评价。

■ 不符合录用条件情形：提供虚假信息、考核未达标且培训后仍不合格。

附件 2:《岗位职责说明书》

■ 核心职责：文件管理、行政支持、数据维护。

■ 绩效指标：文件处理及时率≥ 90%、数据错误率≤ 5%、上级满意度评分≥ 80 分。

附件 3:《绩效考核制度》

■ 考核周期：每季度一次。

■ 考核指标及权重：工作质量（40%）、工作效率（30%）、协作能力（20%）、考勤纪律（10%）。

■ 考核结果应用：优秀（≥ 90 分）奖金上浮 20%，合格（70~89 分）全额发放，不合格（<70 分）取消当季奖金。

附件 4:《员工福利实施细则》

■ 健康福利：员工可以在合作机构体检，或者在医院治疗，门诊报销 80%，住院报销 90%，具体体检费用和医疗年上限按一定的标准执行。

■ 节日福利：春节、中秋节、妇女节按照一定的标准发放给员工。

■ 职业发展：每年给员工按照一定的标准报销外部课程、专业书籍。

附件 5:《培训服务协议》

■ 服务期计算：自培训结束之日起计算。

■ 违约责任：服务期内主动离职，赔偿金额 = 培训总费用 ×（未履行服务期 ÷ 约定服务期）。

附件 6:《知识产权归属声明》

■ 适用范围：乙方在职期间创作的工作相关成果，以及利用甲方资源完成的作品均受本声明约束。

■ 权属规定：知识产权（著作权、专利权、商标权等）完全归属甲方，乙方需在成果完成后 3 日内提交甲方并签署转让确认书。

■ 责任条款：若乙方因擅自使用第三方作品致甲方损失，需承担全额赔偿责任，涵盖诉讼费、和解金等全部费用。

附件 7:《保密协议》

■ 保密信息范围：技术信息、经营信息、财务信息。

■ 泄密责任：一次性支付违约金，并按实际损失计算赔偿金。

附件 8:《信息安全管理制度》

■ 数据管理：禁止私自拷贝公司数据，重要文件需加密。

■ 违规处罚：首次违规书面警告 + 扣除当月绩效奖金 20%，累计三次违规解除劳动合同。

3.6 教育内容创建：创建视频演示教材，解释复杂概念

Manus 问世后火爆，各领域都受到了冲击，教育领域也不例外。但很多新生事物都是一把双刃剑，Manus 在带给教育领域冲击的同时，也给教育领域带来了新的发展契机。不少教育机构和学校已经开始尝试借助 Manus 的力量助力教育教学发展，为教育行业变革带来了新契机。

在教育领域，Manus 成了教师工作中的好伙伴。它可以根据学生的学习进度和理解能力，为学生定制个性化学习辅导，还能帮助教师批改作业，提供个性化教学建议。

这里以 Manus 创建视频演示教材、解释复杂概念为例，详细阐述 Manus 在教育领域的卓越表现。

传统 AI 助手可以帮助用户查找并提供一些教学资料，而 Manus 在教育领域的应用，除了查询和提供教学资料，还可

以直接为教师创建视频演示材料，解释更加复杂的概念，帮助教师更有效地教学。Manus 能够直接为用户交付任务成果，Manus 也因此而在 AI 产品领域独树一帜。

具体来讲，Manus 在整个创建过程中，主要优势体现在：

1. 概念理解与任务规划

Manus 首先会对用户的需求和需要解释的概念进行全方位、深层次的理解，包括概念定义、性质、应用场景等；其次会将任务进行分解，使得每个小任务都变得相对简单和易于理解；最后会对视频演示的流程做细致规划，确保每个部分都能清晰、连贯地呈现。

2. 视频内容创作

Manus 会根据演示流程，自主编写详细的视频脚本，包括旁白、字幕、动画效果等。

（1）脚本内容还会避免使用过于专业的术语，便于学生轻松理解。

（2）旁白会添加字幕，便于学生在任何环境下都能通过清晰、准确的字幕理解视频内容。

（3）在动画效果的创作上，会以更加直观、生动的方式来呈现。

3. 技术实现与优化

在创建视频的过程中，Manus 能够通过多模型协同，包括自然语言处理模型、图像生成模型、动画渲染模型等，实现复杂任务的端到端处理。在执行任务的过程中，Manus 还会对视频演示进行实时监控，确保整个演示能够高效进行。如果遇到突发情况，Manus 还会自主调整视频内容，让教师和学生获得更好的使用体验。

在 Manus 的助力下，教师教学变得轻松、高效许多，同时也让学生更好地实现了个性化学习，从而提升学生的学习效率和成绩，真正实现了教师和学生的共同受益。

※ 示例指令

创建一个视频，通过太阳系各行星如何围绕太阳运动，详细解释开普勒三大定律。

※Manus 输出的内容

太阳系行星运动视频脚本——开普勒三大定律的解释

开普勒第一定律：轨道定律

[画面：椭圆轨道示意图，太阳位于一个焦点]

旁白：开普勒第一定律，也称为轨道定律，指所有行星都沿椭圆轨道运行，太阳位于椭圆的一个焦点上（图 1）。

[画面：动画展示行星沿椭圆轨道运动]

旁白：这一发现彻底改变了人们对宇宙的认识。在开普勒之前，天文学家们认为行星应该沿完美的圆形轨道运

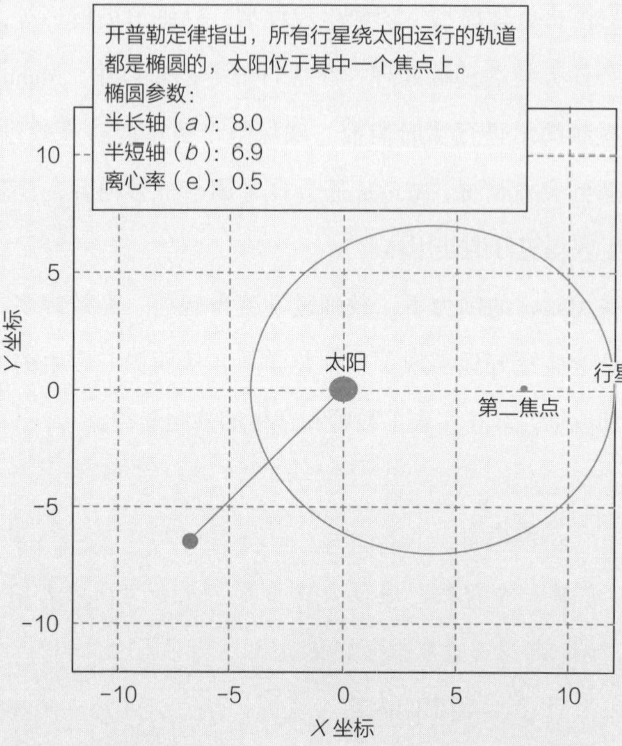

注：由于篇幅有限，以下画面不再对 Manus 生成的视频演示内容做相关截图展示。

图 1　椭圆轨道示意图，太阳位于一个焦点上

行。开普勒通过对火星位置的精确观测，发现行星轨道实际上是椭圆形的。

［画面：展示不同行星轨道的偏心率］

旁白：椭圆的形状可以用“偏心率”来描述，偏心率越大，椭圆越扁平；偏心率为零时，椭圆变成圆形。在太阳系中，大多数行星的轨道偏心率都很小，接近圆形。例如，地球轨道的偏心率约为 0.0167，而水星轨道的偏心率约为 0.2056，是太阳系八大行星中最大的。

开普勒第二定律：面积定律

［画面：行星运动示意图，展示相等时间内扫过的面积］

旁白：开普勒第二定律，也称为面积定律，指行星与太阳的连线在相等的时间内扫过相等的面积。

［画面：动画展示行星在近日点运动快，远日点运动慢］

旁白：这意味着行星的运行速度并不恒定。当行星距离太阳较近时（近日点），它运动得更快；当行星距离太阳较远时（远日点），它运动得更慢。这是因为太阳引力随距离增加而减弱，导致行星在不同位置有不同的速度。

［画面：地球在一年中不同位置的运动速度对比］

旁白：以地球为例，它在近日点（每年 1 月初）的运行速度约为每秒 30.3 千米，而在远日点（每年 7 月初）的运行速度约为每秒 29.3 千米。这种速度变化虽然我们在日常生活中感受不到，但对于天文观测和航天任务规划却至关重要。

开普勒第三定律：周期定律

［画面：展示不同行星的轨道半长轴和公转周期］

旁白：开普勒第三定律，也称为周期定律，指行星公转周期的平方与其轨道半长轴的立方成正比。用数学公式表示就是：$T^2 \propto a^3$，其中 T 是行星的公转周期，a 是轨道半长轴（即椭圆长轴的一半）。

［画面：展示各行星公转周期与轨道半长轴的关系图表］

旁白：这一定律揭示了行星运动的一个重要规律：距离太阳越远的行星，公转周期越长，而且这种关系遵循精确的数学比例。例如，地球距离太阳 1 个天文单位（约 1.5 亿千米），公转周期为 1 年；而木星距离太阳约 5.2 个天文单位，公转周期约为 11.86 年。

开普勒定律的物理基础

［画面：牛顿肖像和万有引力公式］

旁白：虽然开普勒通过观测发现了这三大定律，但他并不知道背后的物理原因。直到几十年后，牛顿提出万有引力定律，才从理论上解释了开普勒定律。牛顿证明，正是太阳对行星的引力作用，使得行星遵循开普勒定律运动。

［画面：万有引力公式与开普勒定律的关系］

旁白：根据牛顿的万有引力定律，两个物体之间的引力与它们的质量乘积成正比，与距离的平方成反比。这一定律不仅完美解释了开普勒的三大定律，还将它们统一到一个更基本的物理框架中。

[画面：爱因斯坦的广义相对论]

旁白：在20世纪初，爱因斯坦的广义相对论进一步完善了对行星运动的理解，特别是解释了水星轨道进动等牛顿理论无法完全解释的现象。但对于大多数情况，开普勒定律仍然是描述行星运动的极其精确的工具。

3.7 供应商采购：整合全网信息，制订最合理采购方案

对于采购人员而言，采购过程并不难，真正的难点在于如何在相当数量的原材料供应商中，找到稳定、可靠的供应商进行合作。市场中供应商众多，要从原材料品质和供应商信誉度来考量和做出选择，并非易事。有些供应商可能存在供货力不足、交货不及时、质量不稳定等诸多问题，一旦选错了合作对象，就会给企业经营带来不可预见的风险。

Manus 像一名经验丰富的采购员，火眼金睛。它通过整合全网信息，从多方面因素进行考量，为采购人员提供专业的供应商分析结果，并制订出拥有信息范围内最合理采购方

案，供采购人员决策做参考。

具体来讲，在整合全网信息、制订最合理采购方案方面，Manus 的主要优势体现在如下几个方面。

1. 快速信息整合与比价分析

Manus 会利用其强大的网页爬虫能力，从各大供应商网站以及行业数据库中抓取相关原材料信息、价格数据等，然后运用先进的算法和数据分析工具，对这些信息和数据做对比和分析，从价格、运费、渠道、优惠等各方面做对比，确保找到最符合采购需求的低价原材料。

2. 供应商筛选与评估

在进行比价分析之后，Manus 会进一步对潜在供应商做筛选和评估，对其产品品质、价格竞争力、供货能力、售后服务、信誉度等多方面做评估和排名，最终选出最优的合作供应商。

3. 采购方案制订与优化

Manus 还会针对该供应商各方面的能力，给出相应的报告和采购方案，其中涵盖了明确的采购品种、数量、时间、价格、合作要点等关键要素，供采购人员做参考。此外，Manus 还会实时跟踪市场变化与企业需求，对采购方案做持续优化和调整，确保采购方案的合理性与有效性。

Manus 对于采购人员来说，可以成为他们开拓新供应渠道、快速选择最优供应商的一柄利器。学会利用 Manus，采购工作中的难点将迎刃而解。

※ 示例指令

我是一家矿泉水生产商，需要采购 PET 材质的原材料做瓶身。请整合中国国内网络信息，制订最合理的采购方案。

※Manus 输出内容

PET 材质原材料采购方案

一、供应商评估与选择

1. 评估维度与权重

为全面评估 PET 材料供应商，我们建立了以下评估维度及其权重（表 1）。

表 1　全面评估 PET 材料供应商的评估维度及其权重

评估维度	权重 /%	说明
产能规模	15	供应商的产能规模直接影响其供应稳定性
产品质量	25	作为食品包装材料，质量是首要考虑因素
价格因素	20	价格直接影响生产成本
技术水平	10	技术水平影响产品性能和创新能力
客户群体	10	优质客户群体侧面反映供应商实力
环保因素	5	符合可持续发展趋势

续表

评估维度	权重 /%	说明
物流配送	10	物流能力影响交付效率和成本
服务支持	5	技术支持和售后服务影响长期合作

2. 主要供应商评估

根据上述评估维度，我们对中国主要 PET 材料供应商进行了全面评估（表 2）。

表 2　对中国主要 PET 材料供应商的评估

评估维度	权重 /%	万凯新材	华润材料	三房巷	海南逸盛
产能规模	15	5（0.75）	4（0.60）	4（0.60）	5（0.75）
产品质量	25	4（1.00）	5（1.25）	4（1.00）	4（1.00）
价格因素	20	4（0.80）	3（0.60）	4（0.80）	4（0.80）
技术水平	10	5（0.50）	4（0.40）	4（0.40）	3（0.30）
客户群体	10	4（0.40）	5（0.50）	4（0.40）	3（0.30）
环保因素	5	3（0.15）	4（0.20）	3（0.15）	3（0.15）
物流配送	10	4（0.40）	4（0.40）	4（0.40）	3（0.30）
服务支持	5	4（0.20）	5（0.25）	4（0.20）	3（0.15）
总分	100	4.20	4.20	3.95	3.75

注：评分为 1~5 分，5 分为最高分。

3. 供应商优势与劣势分析

■ 万凯新材：

· 优势：产能规模全球领先，技术水平高，价格具有竞争力，物流网络覆盖全国。

· 劣势：环保创新投入相对较少，高端客户群体相对较少。

· 适合客户：大型矿泉水生产商，需要大批量稳定供应的客户。

■ 华润材料：

· 优势：产品质量优异，客户群体（包括可口可乐、依云、农夫山泉等）高端，环保意识强。

· 劣势：价格相对较高，产能规模相对较小。

· 适合客户：高端矿泉水和饮料生产商，对产品质量要求极高的客户。

■ 三房巷：

· 优势：国内瓶级聚酯切片行业龙头，采用世界先进工艺，价格相对较低。

· 劣势：产品创新能力相对较弱，高端市场占有率不高。

· 适合客户：中型矿泉水生产商，对性价比要求高的客户。

■ 海南逸盛：

· 优势：产能规模大，价格优势明显，新增产能提升了供应能力。

· 劣势：技术水平和创新能力一般，物流网络主要集中在海南及周边地区。

· 适合客户：位于华南地区的矿泉水生产商，对价格极为敏感的客户。

4. 供应商选择建议（主供应商推荐）

■ 第一梯队（综合评分 4.2 分）

· 万凯新材：适合作为主供应商，产能规模全球领先，技术水平高，价格具有竞争力。

· 华润材料：适合作为高端产品的供应商，产品质量优异，客户群体高端。

■ 第二梯队（综合评分 3.75~3.95 分）

· 三房巷：适合作为备选供应商，国内行业龙头，性价比高。

· 海南逸盛：适合作为补充供应商，特别是对华南地区的供应。

■ 多源采购策略

· 主供应商：万凯新材（60%~70%）+ 华润材料（20%~30%，主要用于高端产品线）。

· 备选供应商：三房巷 + 海南逸盛（作为区域性补充供应商）。

■ 不同规模企业的供应商选择

· 大型矿泉水生产商：主供应商（万凯新材 + 华润材

料）+ 备选供应商（三房巷 + 海南逸盛）。

· 中型矿泉水生产商：主供应商（万凯新材或三房巷）+ 备选供应商（根据地理位置选择）。

· 小型矿泉水生产商：建议通过贸易商采购或与地理位置相近的供应商直接合作。

二、采购策略与实施

1. 采购模式设计

■ 大型矿泉水生产商（年产量 >10 万吨）

· 采购模式：战略采购模式 + 集中采购。

· 合同类型：框架协议 + 订单采购。

· 组织架构：设立专门的采购部门，下设战略采购、执行采购、供应商管理等职能组。

■ 中型矿泉水生产商（年产量 1 万 ~10 万吨）

· 采购模式：混合采购模式（核心供应商战略采购 + 灵活市场采购）。

· 合同类型：年度协议 + 季度订单。

· 组织架构：设立采购部，按区域或品类设置采购专员。

■ 小型矿泉水生产商（年产量 <1 万吨）

· 采购模式：灵活采购模式（通过贸易商或直接小批

量采购）。

· 合同类型：现货采购 + 短期协议。

· 组织架构：指定专人负责采购工作，生产负责人参与采购决策。

2. 价格管理策略

■ 价格谈判策略

· 成本透明化谈判：要求供应商提供成本构成明细，基于原材料价格指数建立价格调整机制。

· 批量折扣策略：根据年度采购量设定阶梯价格，承诺最低采购量换取价格优惠。

· 长期锁价策略：在原材料价格低位时锁定部分长期供应价格，设置价格上限。

· 竞争性谈判：引入多家供应商竞争，采用招标方式确定价格。

■ 价格调整机制

· 建立以 PTA 和 MEG 价格指数为基础的调价公式。

· 设定调价周期（月度 / 季度）和触发条件。

· 设置价格上限和下限，当市场价格超出约定范围时启动重新谈判。

■ 季节性价格策略

· 旺季（3~5 月）提前锁定价格和供应量。

· 淡季适当降低采购量，争取价格优惠。

· 利用季节性价格波动优化采购成本。

3. 质量控制体系

■ 质量标准制定

· 基于国家标准制定内部质量标准。

· 明确关键质量指标：本征黏度、乙醛含量、水分含量、杂质含量等。

· 制定质量检验方法和接收标准。

■ 质量检验流程

· 建立批次抽样检验制度

· 重点检测项目：外观、本征黏度、乙醛含量、水分等。

· 定期委托第三方检测机构进行全项目检测。

■ 供应商质量管理

· 与供应商签订详细的质量协议。

· 定期对战略供应商进行质量体系审核。

· 建立质量问题快速响应机制和质量追溯系统。

三、风险管理

1. 供应风险管理

■ 供应中断风险

· 风险来源：供应商生产问题、自然灾害、交通中断、政策变化。

· 应对策略：

实施多源采购策略，避免单一供应商依赖。

与战略供应商建立优先供应协议。

建立安全库存，应对短期供应中断。

制定供应中断应急预案。

■ 产能风险

· 风险来源：供应商产能不足、产能分配不合理、设备故障。

· 应对策略：

定期评估供应商产能利用率。

提前沟通生产计划，确保产能分配。

在旺季前锁定供应量。

与多家供应商建立合作关系，分散风险。

■ 质量风险

· 风险来源：原材料质量波动、生产工艺不稳定、检测失误。

· 应对策略：

严格的供应商准入和评估机制。

全面的质量检验体系。

建立质量问题快速响应机制。

定期对供应商进行质量审核。

2. 价格风险管理

■ 价格波动风险

· 风险来源：原材料价格波动、供需关系变化、市场投机。

· 应对策略：

通过长期协议锁定部分价格。

建立基于原材料指数的价格调整机制。

适时采用套期保值等金融工具。

密切关注市场动态，把握采购时机。

■ 成本上升风险

· 风险来源：能源价格上涨、环保要求提高、人工成本增加。

· 应对策略：

持续关注原材料市场动态。

开发替代材料和供应商。

与供应商共同开展成本控制项目。

优化产品设计，减少材料使用量。

第 4 章　个人创业应用场景，加快变现速度

在创业时，个人创业者往往陷入“创作周期长—市场反馈慢—变现渠道窄”的恶性循环。Manus 通过智能化创作引擎与商业化生态的深度融合，正在打破这一困境，使个人创业者的商业价值释放周期从年缩短至月。

4.1 创业公司列表整理

我们正生活在一个人工智能技术高速发展的时代，谁能利用好这些人工智能工具，谁就能在工作和生活中拥有更大的优势。在创业场景中，用好 Manus 不仅可以提升工作效率，还能让我们拥有一个能为我们出谋划策的人工智能“军师”（图 4–1）。让 Manus 帮我们做创业公司列表整理工作，它能为我们的创业增添很大的助力。

Manus 拥有自主执行任务的强大能力，这是它的一个核心优势。以往的人工智能主要是给我们提建议，具体的工作还是要我们自己去做。Manus 则不然，它不但能给我们提建

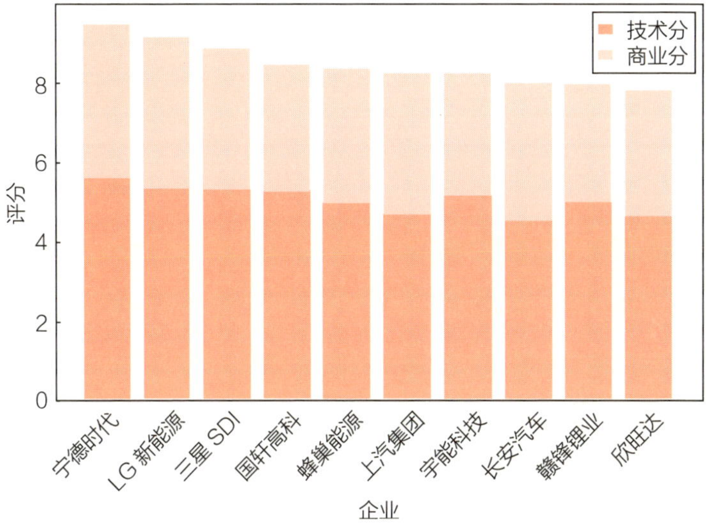

图 4-1　Manus 列出的新能源汽车供应链技术突破性企业评分表

议，还能直接帮我们执行。从收集数据到分析结果，再到整理列表，这些都不需要我们干预，Manus 可以帮我们做得妥妥当当。

当我们把自己的需求输入到 Manus 中，比如“做一下 2025 年中国 AI 医疗初创企业列表整理”，Manus 就会自动处理我们的要求。Manus 会先进行数据抓取与清洗的工作，自动从网络上的数据库获取有效信息，并把无效信息过滤掉。然后，它会对信息的优先级进行排序，做智能筛选和分类工作。最后，它会列出我们需要的企业列表，并提供一些企业的相关信息，并进行风险预警等。可以说，它的服务周到、细致，会考虑我们的实际需求，就像一个处处为我们着想的贴心秘书。

> 某投资机构做了一次市场调研，用 Manus 整理了东南亚 500 家电商初创企业名单。为了使整个列表的内容更加细致，该机构的要求写得十分详细。它要求 Manus 列出包括企业的融资历史、核心团队背景等 20 多项内容。
>
> Manus 通过虚拟机界面自主操作浏览器，利用开源工具 Browser Use 把网页元素转化为结构化数据。在筛选环节中，Manus 多模型协作系统能交叉验证创始人履历的真实性。
>
> 最后，Manus 出色地完成了工作任务。在它生成的报表中，不仅包含标准化数据，还附带了竞争格局图谱与行业趋势预测，效率比人工足足提升了十几倍。

和传统爬虫工具以及 ChatGPT 类对话模型相比，Manus 具有明显的差异化优势。它的执行能力更强，从数据采集到分析决策，它可以一手包办。它的合规性更强，能通过“记忆功能”记录数据源授权状态，减少版权风险。它的成本更低，创业者无须组建技术团队便能完成复杂任务。

在个人创业的过程中，我们可以把很多工作交给 Manus

来做，它是非常可靠的创业帮手。在进行创业公司列表整理中，它能大显身手，为我们提供丰富的创业市场信息，帮助我们寻找好的创业方向或合适的合作伙伴。

案例解析：访问相关网站自动识别符合条件的公司

一位创业者准备进入欧洲环保科技赛道，为此，他需要在 72 小时内筛选出 100 家符合以下条件的初创公司：

（1）近 2 年获得政府绿色基金扶持；

（2）核心技术涉及“碳捕捉”或“生物降解材料”；

（3）创始团队具备产业化经验。

如果用传统的方法来进行调研，要雇用 3 名分析师，并且花费 2 周时间，费用超过 5 万元人民币，但是如果用 Manus 来做这项工作，不仅能节省很多时间，还能大大减少资金的消耗。

在 Manus 输入以下指令。

> 查找 2024—2025 年获欧盟绿色基金资助的环保科技公司，重点筛选碳捕捉技术方向，核心技术涉及“碳捕捉”或“生物降解材料”，排除无产业化经验的学术型团队。

Manus 会先对指令进行三层解析。首先，语义拆解，把“产业化经验”变成一种可执行标准——创始成员需有 3 年以上在巴斯夫、科思创等行业巨头的任职经历；其次，进行数据源匹配，自动关联欧盟创新记分牌、Carbon CleanTech 数据库及领英人才库；最后，进行动态参数设定，根据德国《供应链法》更新 ESG① 合规筛查条件。

解析完成后，Manus 会进行自动化数据捕获。它采用混合策略突破数据壁垒，合规爬取相关数据，比如对开放 API 的欧盟数据库直接调用接口；利用浏览器仿真技术，通过内置的 Browser Use 工具模拟人类操作，以随机间隔滚动页面；进行多语言处理。然后，Manus 会进行智能筛选与风险预警，提供动态追踪数据，并做出决策支持。

传统的工作方式需要 3 个人的团队，工作 14 天左右，才能完成工作。利用 Manus 来做这项工作，只需要单人操作，工作约 9 小时就可以完成。并且，Manus 的工作完成得更加细致，还能提供后续跟进服务，比如持续对数据进行实时监控和更新。

根据 Manus 提供的数据列表，该创业者迅速且精准地定

① ESG 代表环境（Environmental）、社会（Social）和公司治理（Governance），是一种衡量企业在非财务领域表现的综合框架，旨在评估其长期可持续和对社会的影响。——编者注

位了 27 家企业，并在 2 周内和 8 家企业进行了合作洽谈。如果是用人工进行数据搜集，这段时间可能还没做好数据搜集的工作。整体下来，Manus 节省了约 87% 的调研成本，项目启动速度直接提升了 4 倍。

通过这个案例我们可以看出，用 Manus 做创业中的工作，可以起到事半功倍的效果。当 Manus 被创业者广泛应用之后，它可能会深度改变未来创业领域的格局，让创业变得更加简单。

Manus 一定会是创业者的好帮手，让创业成为人人都能做的事。正如 Manus 创始人肖弘所言："真正的智能不是替代人类搜索，而是重构商业信息的连接方式。"随着 Manus 接入全球超过 370 个行业数据库，创业者可能会在不久的将来进入"一个人就是一支创业团队"的全民创业时代。

4.2 在线商店运营分析

在个人创业的过程中，在线商店的运营效率直接决定了业务的成败。想要做好在线商店运营并不容易，有一些问题横亘在创业者面前，比如数据分析复杂、时间成本高昂、决策依赖经验等。在这些方面，Manus 可以给个人创业者提供颠覆性的解决方案。

Manus 在数据整合与分析方面有先天优势，它可以调用浏览器、代码编辑器和数据分析工具，自动抓取并整合跨平台数据源，让数据分析从碎片化变为系统化。Manus 的多智能体协作架构可以把任务拆解成数据清洗、趋势识别、异常检测等子模块，最终生成包含可视化图表的综合性报告，帮助创业者快速掌握核心运营指标（图 4–2）。

某创业者自己做在线商店运营分析，不仅花费了大量的时间，分析出来的结果还不准确。后来，他利用 Manus，不仅实现了效率的提升，还节省了人力和成本。当他在 Manus 输入“分析过去 3 个月店铺的销售数据，识别热销商品与滞销原因”，Manus 自动进行数据整理，并结合市场趋势和用户评论，最终生成了包含库存优化建议、定价策略调整的深度报告。

Manus 完成数据分析任务的平均耗时为 15 ~ 30 分钟，虽然时间略长，但它 24 小时待命，错误率极低。这位创业者遇到任何商店运营的问题都可以利用 Manus 进行分析，节省了很多成本，为他创业成功打下了很好的基础。

Manus 拥有“规划—执行—验证”的闭环能力。比如，在广告投放分析中，传统方法需手动测试不同投放策略，Manus 则可利用历史数据模拟多种投放方案，通过 A/B 测试

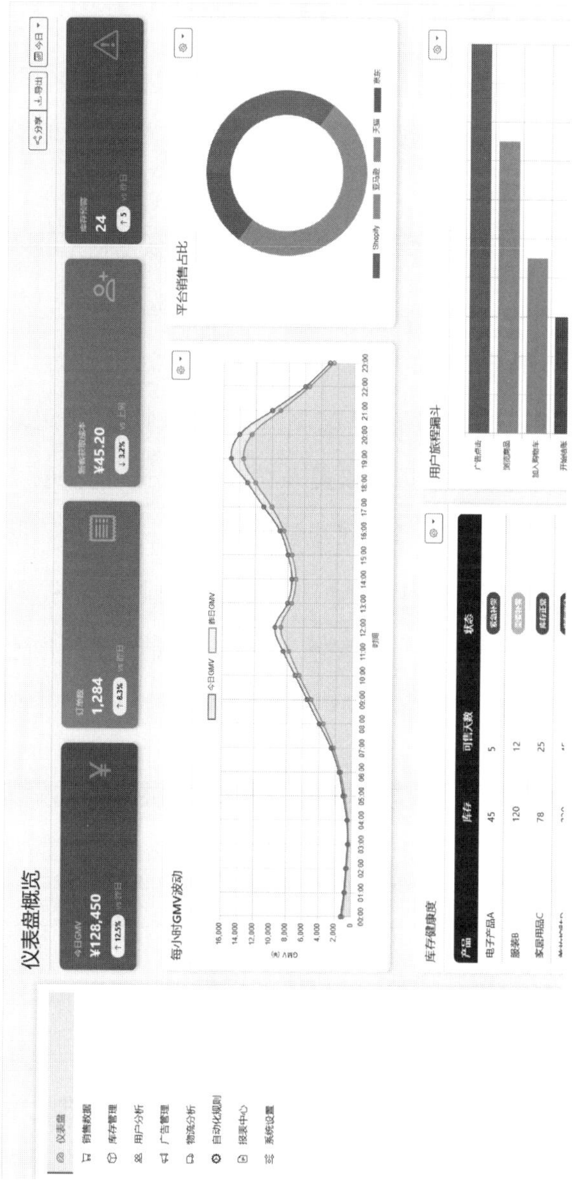

图 4-2 Manus 分析的在线商店运营数据

自动筛选最优组合。

在使用 Manus 时，用户可以非常省心。它会记住我们的选择偏好，并根据我们的偏好自动生成我们需要的表格或图形。

作为一个可以 24 小时工作的高效率、低出错率的“智能员工”，Manus 可以为创业者做好在线商店运营分析，帮助创业者把创业的第一步走扎实。

随着 Manus 在 GAIA 基准测试中不断刷新性能纪录，它在技术迭代之后，会进一步提升在线商店分析的深度。在不久的将来，它可能会整合供应链管理 API，实现从数据分析到物流调度的全链路自动化。对于普通创业者来说，Manus 已经不只是一款工具，更像是一个降低试错成本、加速决策的“AI 合伙人”。

案例解析：分析国内网站数据，提供定制化策略

在当下这个数字经济时代，创业者需要面对十分庞杂的数据。要分析这些数据，制定正确的策略，需要花费大量的时间和精力，但是，让 Manus 来帮忙，事情就会变得简单起来。

一位淘宝女装店主想要分析国内网站数据，为自己的网店制定更好的销售策略。她的店铺流量波动大、转化率低于行业均值，如果用人工来做数据分析，不仅需要花费大量的

时间，还难以挖掘深层关联问题。在使用 Manus 软件之后，她只花费一天的时间就完成了全平台数据整合、策略生成和执行优化。按照 Manus 软件生成的策略进行调整之后，店里的销售额提升了近 40%。

店主先向 Manus 输入自然语言指令："分析过去半年淘宝、小红书、抖音店铺数据，识别流量下滑原因并制定改进策略。" Manus 进行了自动化数据采集、结构化处理，然后可视化呈现，生成交互式仪表盘，直观展示了流量漏斗中"搜索曝光→点击→加购→付款"各环节的流失率，并标记出流失峰值时段，比如 20:00~22:00 转化率骤降 15%。

经过多智能体协作系统分析之后，针对数据痛点，Manus 给出了具体的解决方案。鉴于夜间流量转化率低的问题，Manus 调用 Stable Diffusion 模型生成 A/B 测试版详情页。经过对比发现，如果增加"真人试穿动态图"，能让加购率提升 23% 左右。Manus 用模拟点击测试发现客服自动回复延迟时间约为 5 分钟，建议店主启用智能话术库。Manus 还结合历史销售数据，建议把爆款连衣裙的定价从 399 元调整为 369 元，这样就能比同类竞品价格低 5%，使它的周销量增长 120 件左右。

Manus 还把分析之后的结果直接变成运营动作，为店铺进行广告投放方面的优化。它接入千牛平台 API，根据实时

ROI（投资回报率）动态调整直通车关键词出价，把“春季连衣裙”类目 CPC（每次点击费用）成本从 2.8 元降至 1.9 元，同时曝光量增加了 35%。

Manus 根据预测的销量自动生成采购订单，通过 1688 接口比价后选择了 3 家供应商，还自动起草了合理的代工合同条款，把补货周期从 7 天缩短为 3 天。Manus 还在抖音热门话题的基础上生成 15 秒短视频脚本，然后自动剪辑生成短视频并发布，这些视频为店铺引流之后，店铺的 UV（独立访客）转化率达 4.7%。

通过这个案例，我们可以看出，与传统方式相比，Manus 在在线网店运营分析和提供定制化策略方面具有非常大的优势。它不但能节省人力成本，还能节省时间成本和经济成本，错误率也更低。

如果我们在创业的过程中让 Manus 来帮我们做网站数据分析，就能拥有堪比专业团队的数字化运营能力。

4.3 短视频制作

在短视频制作中，个人是很难和专业的团队竞争的，但有了 Manus 软件的帮助之后，个人创业者和专业团队的技术差距便可无限缩小。当 Manus 软件被短视频创业者广泛应用后，短视频生产流程会以革命性的方式重构，短视频制作会变得无比简单。

Manus 能完成素材管理、智能剪辑、数据追踪等众多任务，让创业者不需要庞大的团队，一个人就能完成专业级短视频内容制作，在短视频流量争夺战中获得优势。

Manus 为短视频创作流程带来全面革新，它的云端素材库改变了传统文件管理模式。如果把拍摄素材实时上传到分类清晰的数字仓库，就可以用智能标签系统实现秒级检索。

一个美妆博主在短视频制作时使用 Manus，发现素材调用效率提升了接近 300%。以前需要 3 小时才能整理完的素材，现在只需要 20 分钟左右。Manus 的智能剪辑模块能自动识别视频内容中的高光片段，结合历史数据给用户推荐优秀的剪辑方案。有了 Manus 的帮助，该博主的短视频制作过程变得无比轻松，博主只需要做一些关键的决策就够了。

Manus 的实时数据看板还能把抽象的流量变成可视化的决策工具，帮助该博主做出更合理的决策。通过 Manus，该博主能即时掌握短视频的完播率、互动热图、用户画像等 20 多项关键指标。在对观众跳出节点进行分析后，该博主把视频节奏从匀速叙事改成“前 5 秒

悬念 + 中段干货 + 结尾反转”的三段式结构。这样一来，她的短视频平均播放时长从 45 秒提升为 98 秒。

从以上的例子中可以看出，Manus 在短视频制作中的功能非常强大。它的功能非常丰富，等待着短视频创作者去深入挖掘。比如，它批量处理的功能可以让短视频制作的效率成倍提升。通过预设片头模板、转场特效、字幕样式，用户能实现 10 条视频的标准化生产，这使短视频制作的时间大大缩短。这样一来，短视频创作者的视频更新频率就能始终保持稳定，对吸引流量和留住粉丝都有很好的效果。

Manus 还能用智能推荐系统，为用户构建内容优化的闭环生态。算法从历史爆款视频中提取核心要素，在短视频制作中提供 BGM（背景音乐）选择、时长控制、话题标签等具体建议。当和 Manus 进行愉快的人机合作之后，保留个人风格并吸取其他爆款短视频要素，打造爆款短视频就成了很简单的事。

此外，Manus 能重新定义短视频制作的技术边界。它不但能提升短视频制作的效率，还能提升短视频的质量，为创作者提供全面的帮助，让短视频制作变成一件无比轻松的事。随着 Manus 技术不断的优化升级，短视频创作者的创业之路会更加容易。

案例解析：用即梦 AI 生成脚本 + Manus 优化分镜

一位短视频创业者每天都非常忙碌，他需要在电脑前多次修改短视频的脚本，还要为短视频的分镜忙个不停。平均每制作一个短视频，他就要花费大约 42 小时的时间。脚本的构思和分镜的设计更是让他感到自己的灵感都快被掏空了，让他感觉自己已经没有精力再持续下去。

直到他发现自己可以用即梦 AI 和 Manus 软件来进行协同工作，即梦 AI 生成脚本、Manus 优化分镜，他的短视频制作才变得简单起来。他再也不用担心自己的灵感枯竭，短视频制作变成了一件可持续的事。

他是拍摄宠物相关视频的，在即梦 AI 输入相应的关键词，比如“萌宠经济”“Z 世代消费”，很快就能生成十几个差异化的短视频脚本。即梦 AI 建议使用“情感共鸣型”的框架，于是，他选择了“城市孤独青年与宠物相互治愈”的故事脚本。即梦 AI 自动帮他把脚本的结构拆解成：痛点引入（15 秒）→产品植入（8 秒）→情感升华（7 秒），精确对应了抖音黄金 30 秒法则。

生成脚本之后，把脚本导入 Manus 的“智能分镜”界面，由 Manus 完成文学剧本向视觉语言的转化。Manus 根据场景关键词“深夜客厅”“宠物互动”，调用云端超 2000 个同类优质视频数据库，生成了 3 套分镜方案：方案 1 侧重光影氛围，方案 2 强调动作细节，方案 3 专注表情特写。创业者选好方案后，Manus 便自动标注出每个镜头的景别参数、运镜方式和时长控制建议。

在 Manus 的“动态分镜预览”界面，通过拖拽时间轴，就能实时查看镜头衔接效果。Manus 检测到第 6 镜的主人抚摸猫爪和第 7 镜之间有节奏断层，自动推荐插入 0.5 秒爪垫按压猫粮盒的过渡镜头。本来手动调整可能需要花费几个小时的时间，但在 Manus 的帮助下，只用了十几分钟就完成了整个短视频的节奏优化。

Manus 在素材智能匹配方面表现得异常强大，不但能自动筛选合适的视频片段，而且效率非常快。创业者把拍摄的素材上传之后，Manus 还能自动识别视频中的问题，自动进行修复。比如，发现镜头有抖动问题，就会生成修复版本。

有了即梦 AI 和 Manus 这两个强大的人工智能工具的帮助，该短视频创作者的短视频制作效率大幅提升，短视频质量也变得更好。在新的短视频发布之后，点击率和完播率都有很大提升。很快，他就积累了非常多的粉丝，通过短视频的引流，直播带货业绩也提高了数倍。

这种“用即梦 AI 生成脚本 + Manus 优化分镜”的模式能重塑短视频制作的创作生产关系，用户把重复性工作交给 AI

系统，自己只需要注意创意筛选和风格把控就行了。这样一来，短视频制作效率更高、质量更好，有利于为创作者带来持续增长的流量和利润。

4.4 小说创作

在创业的各种场景当中，小说创作与其他内容有些不同，它往往需要更强大的文化和思想内核，对创作者的要求很高。很多人虽然有在其他领域创业的头脑，但在小说创作中可能会显得力不从心。但是，有了 Manus 的帮助之后，小说创作就能变成一件很容易的事。

Manus 无疑会带来一场叙事革命。它集 AI 写作、项目管理与市场分析于一体，能成为小说创作者的最佳合作伙伴，为个人创业者构建全新的文学创作生态系统。

在自然语言处理引擎的加持下，Manus 能实时解析用户输入的文本碎片。比如，我们在设定框架中输入“未来都市”，它就可以自动推送赛博朋克经典作品的场景描写范式，然后生成符合世界观设定的建筑概念图。有了 Manus 的帮助，创作者就可以让创作灵感从线性思维中解放出来，小说的世界观构建会更轻松，效率也更高。

一位作家一直想创作一部长篇科幻小说，但他的逻辑思维能力没有那么强，因此一直没能实现此梦想。在 Manus 软件问世之后，他试着让 Manus 来帮助自己完成这项工作。他把自己对小说的一些构想输入 Manus，Manus 很快就输出了可视化模型。作家可以拖动时间轴观察关键事件节点的情感波动值。Manus 自动生成情节冲突强度雷达图，让小说中的故事情节一直有很强的戏剧张力。

有了 Manus 的帮助之后，该作家只需把自己的想法表述出来，具体的细节让 Manus 来分析和执行，这减轻了他的创作压力，使他的创作能力成倍提升。在 Manus 给出相应的结果之后，他再在这个基础上按自己的想法完善修改，很快就把一部逻辑严密、有众多人物的科幻小说创作出来了，创作效率比以前他写任何一部小说都高。

小说中的人物一般都比较多，特别是长篇小说。要创建那么多人物，并且还要记住那么多的人物关系，让人物的语言、决策和行为合乎逻辑，这对创作者来说并不容易。Manus 的人物关系图谱功能能够自动检测人物行为逻辑的合理性。如果人物有违背初始性格设定的决策时，Manus 会弹出红色预警，并推荐符合人物成长曲线的行为方案。这样，小说创作中的人物崩坏现象就可以避免。

当创作者让 Manus 来协助他创作小说时，他将不必为故事情节和人物关系绞尽脑汁；对作家来说，Manus 的帮助会使其小说创作的过程如有神助。

案例解析：世界观设定辅助 + 人物关系图谱生成

Manus 在文学创作中有非常强大的表现，它很可能会重新定义文学创作的边界。创作者可以用它来进行世界观设定辅助，轻松构建宏大且逻辑顺畅的世界观，还可以用它生成人物关系图谱，使人物关系更合理。

某创作者一直利用业余时间在免费小说软件上创作小说。由于他不是专业的作家，小说创作能力有限，写出来的小说吸引力也不强，作品总是没多少人看。他虽然并不在意自己的小说能不能火，但很想提升小说的质量。

在发现 Manus 软件能在小说创作中发挥重要作用之后，他开始使用 Manus 来辅助自己创作小说。他很喜欢科幻小说《三体》，并觉得在《流浪地球》等科幻电影火爆之后，喜欢看科幻小说的人逐渐增多，因此也想创作一部科幻小说。

他在 Manus 中输入了一些关键词，比如“量子城邦”“意识上传”“反重力生态圈”等。Manus 很快就根据他提供的关键词，为他的小说生成了一个三维坐标系。*X* 轴代表科技树发展路径，*Y* 轴呈现社会结构模型，*Z* 轴则展开生态环境图谱。在这个三维坐标系上，Manus 还给他提供了很多相关的作品案例供他参考。

在 Manus 的帮助下，他的思路一下子就打开了。他继续把自己的想法输入 Manus，经过不断完善，一个庞大且清晰的世界观逐渐形成。Manus 不但把他的想法都融入世界观当中，还把各个细节都分析得十分到位，让他非常欣喜。

在设定好世界观之后，他又让 Manus 来帮忙生成人物关系图谱。小说中的人物很多，有 70 多个。想要让这些人物都有复杂的情感和合理的关系，并不是他现在的创作能力可以驾驭的，但是在 Manus 的帮助下，他能轻松完成这件事。

Manus 的“关系工坊”能自动生成三维关系网，用球体大小代表角色权重，连接线颜色标记情感属性，动态粒子流显示势力变化轨迹。这让人物关系变得非常清晰，即便在创作过程中因为故事情节太多而忘记了一些细节，也不用担心人物关系错乱。

Manus 还有“命运推演”的功能。如果设定某个人物要在某个章节死亡，Manus 可以自动推演他的命运，扫描出受影响的剧情线，生成使故事情节更加合理的方案，让每个人物都更加立体。在使用了这个功能之后，该作者的这部科幻小说里的人物都告别了“工具人”的属性，即便是出场不多的人物也变得有血有肉。

在 Manus 的帮助下，该作者成功创作了自己的第一部科幻小说，而且这部小说的质量明显比以前他写的小说更高。这为他吸引了更多的读者，虽然他的小说还没有大火，但他已经开始步入正轨，向着职业作家的方向迈进了。

第 5 章　生活场景优化，智能随身帮手

Manus 不仅能在工作中有出色的表现，还能带来人类生活方式的进化。在众多的生活场景中，Manus 都能给我们带来智能优化的解决方案。它不是高高在上的冰冷科技，而是融入我们每个人生活的智能随身帮手。

5.1 旅行规划

在生活中，旅行是很多人都喜欢做的事，但旅行之前的旅行规划却让不少人感到头疼。旅游要到一个陌生的地方去，可因为陌生，我们在做旅行规划时就困难重重了。要想把这个规划做好，需要做大量的功课，查询很多资料。原本轻松的旅行俨然变成了一件苦差事。

有了 Manus 之后，旅行规划将不再困难，旅行可以回归它的本质，让人不用再感到费时费力，让整个旅途从一开始就轻松愉快。

在一次旅行中，一位旅行者因为遭遇暴雨，被迫在佛罗伦萨滞留了一段时间，这打乱了他之前的旅行规划。正当他为此感到懊恼时，他想到可以用 Manus 来优化行程，因为 Manus 拥有动态优化行程的功能。只用了不到 10 分钟的时间，Manus 就帮他完成了行程重组的工作。在新的行程规划中，Manus 把乌菲兹美术馆的参观提前，还给他推荐了附近的文艺复兴主题书店，并自动调整后续威尼斯行程的交通接驳。在 Manus 的帮助下，他的这次旅行并没被暴雨影响，整个旅途依旧十分愉快。

Manus 是旅行的贴心小助手，我们可以把自己的旅游地点和一些要求输入 Manus，让它来给我们生成旅行计划。假如我们有以往旅游的行程单，也可以把行程单输入 Manus，让它理解我们的旅行喜好，根据我们的喜好来规划行程。

Manus 的算法引擎非常精密，只需要告诉它一些碎片化的要求，它就能自动整合，最后把完整的旅行方案告诉我们。比如，当我们输入想去某个景点，除该景点外，它还会把周围有趣的、特色的内容都推荐给我们，让我们来筛选。这让用户的思维一下子就打开了，旅行规划从线性思维直接变成立体构建。

整合旅行信息

在旅行时，我们可以用 Manus 来整合旅行信息，让这项工作不再复杂。

Manus 可以对碎片化的旅行信息进行多维信息整合，把这些信息系统地联系在一起，成为一个有机整体。我们只需要在 Manus 输入自己的需求，比如“北京香山红叶季深度游”，它就可以给我们生成交通、住宿、景点、餐饮等八大模块的智能匹配。Manus 除了会向我们推荐合理的路线，还会筛选出我们可以顺便去逛的地方。这种多维度整合的能力，让我们的旅行规划变得无比轻松。

Manus 能理解我们的旅行偏好，给我们提供个性化的旅行规划。比如，如果用户经常在一些网红景点打卡，Manus 就会知道该用户比较喜欢网红景点，会主动向用户推荐行程中的网红景点，供用户参考。

某用户在使用 Manus 规划行程路线时，经常选择一些具有古代风格的古风建筑来参观。在连续几次之后，Manus 便记住了他的选择偏好。于是，当他再进行旅行路线规划时，Manus 总是主动把周围的古代建筑以及古风建筑推荐给他。此外，Manus 会推荐一些有文化传承的地方，比如当地的文化馆等，这让他感到非常满意。在以后的旅行中，Manus 就像是他贴心的小助理一样，总能知道他想去哪里。他几乎不需要自己做规划，只需把旅行规划的任务交给 Manus。

Manus 能协同旅行生态，让用户的旅行不再孤单，让旅行者社区变得更有吸引力。如果用户想要和其他旅行者“搭伙”，Manus 可以提供非常优质的方案。比如，当需要拼车时，Manus 会根据数据检索，把有相似爱好和需求的人凑在一起，让这些人可以更好地互相帮助，甚至形成资源互补。

Manus 的整合能力非常强大，这可能会重新定义旅行的意义。当我们不用再为整合信息而费脑筋时，我们的注意力会回归旅行本身，获得更多的旅行乐趣。

创建定制旅行手册

每个人旅行的目的都不同，因此，定制旅行手册是很重要的。Manus 能帮我们生成独属于我们的旅行手册，让旅行更符合需求。

传统的旅行手册都是纸质的，一旦制定完成，就固定下来了。然而，旅行是一种动态的状态，随时都可能遇到各种突发状况，静态的手册显然无法真正满足旅行者的需求。Manus 可以让手册动起来，成为永不过时的旅行指南。

Manus 的内容生成功能可以让旅行手册不再只是记录数据，而是把数据直接变成有温度的故事。比如，当我们输入“长城的文化之旅”，它可以给我们生成相应的旅行手册，该手册带有“文化”的属性，第一章可能是长城与中国文化，第二章是旅行路线，第三章则有旅行注意事项和周边可以去的有关文化传承的其他景点。旅行手册里不再只是数据的堆叠，而是像诗一样令人着迷的内容。

某旅行博主想要到冰岛旅游，他把自己的需求输入 Manus，Manus 很快就根据他的需求给他创建出定制旅行手册。在这个名为《冰岛奇幻之旅》的手册上，他可以实时看到极光指数，这在传统纸质旅行手册上是不可能有的。这个手册的样式很复古，符合冰岛的文化特质，还用增强现实技术重现了维京船长的航海日记。此外，手册上还标注了斯奈山半岛的最佳拍摄坐标。这个专属的旅行手册，就像是属于该博主的童话故事一样，充满了吸引力，令他十分满意。

Manus 创建定制旅行手册，让个性化变得十分容易，也让每个旅行者的喜好都能在旅行中得到满足。喜欢建筑的人可以看到手册中有大量的建筑介绍，喜欢美食的人则可能会收到一个美食环绕的手册。Manus 能给每个人带来惊喜，因为它更懂我们的需求。

当人们越来越多地使用 Manus，旅行就变成了可以满足每个人愿望的个性化之旅，变得更具吸引力。可能会有更多的人因此爱上旅行，并因此爱上 Manus 这位“旅行助理”。

5.2 保险政策比较

人们在购买保险时，会被市面上种类繁多的保险搞得眼花缭乱。不仅保险公司众多，而且每家保险公司在同类型保险上的保险政策也千差万别。Manus 能帮我们对保险政策进行比较（图 5-1），把保险挑选变得简单，让每个人都能买到符合自己需求的保险。

Manus 的保险数据库是动态更新的，它能实时监控众多保险机构，给用户做出最具时效性的保险政策比较，并提供合理化建议。比如，用户要购买车险，在 Manus 中输入车辆型号等参数后，Manus 会在极短的时间里完成数据匹配，不但会对比基础保费，还能解析一些不容易理解的专业条款，

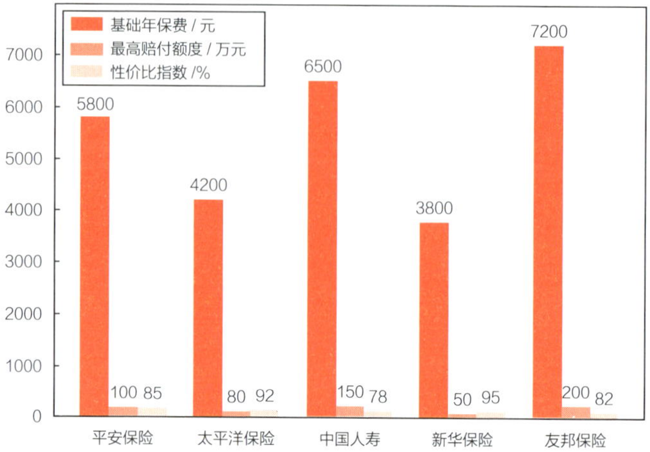

图 5-1　保险公司核心指标对比

对车险中隐藏的一些免责条款进行预警，避免用户因不理解保险条款而犯错。

Manus 能走出保险行业中专业术语的迷宫，对保险政策进行精准对比。这得益于它强大的分析系统，它能把保险比较效率提升十几倍，或许会在不久的将来重塑人们的风险管理方式。

在对保险政策进行比较之后，Manus 能提供最为个性化的保险推荐，这一点应该是用户最为在意的。

小张想要购买一份医疗保险，但他不知道该买哪种保险才好。他患有甲状腺结节，有不少保险公司不允许他购买保险。为了能尽快筛选到符合自己需求的保险，他使用 Manus 来进行保险政策比较。Manus 在熟悉 39 种疾病的核保规则后，为小张智能推荐了接受带病投保的医疗险，让小张买到了令自己满意的保险，为他解决了这个难题。

在购买保险时，Manus 比任何人都更懂用户。只要用户把自己的需求输入 Manus 中，它就会根据用户的要求进行保险政策比较，最终选出最适合用户购买的保险。

相比保险销售人员的功利性，Manus 提供的内容显然更加客观。当 Manus 被人们广泛应用在保险筛选当中时，人们对保险的选择一定会更加科学。

创建清晰的保险政策比较表

保险政策之所以容易让用户感到困惑，其中一个很重要的原因是用户没有清晰的保险政策比较表。关于这个问题，Manus 可以帮我们解决。

Manus 跨平台数据聚合的能力可以打破保险行业中的信息孤岛，让用户更直观地看到保险政策的对比。Manus 构建了覆盖全行业的动态数据库，不管用户的需求是什么，它都能帮用户创建清晰的保险政策比较表。多源异构数据的智能聚合，让保险比较表的完整性比传统模式更高。

> 小李想要给父母买一份医疗保险，他选来选去，选了 6 家保险公司。他把这 6 家保险公司的合同内容放在一个 Excel 表格中进行对比，尽管如此，他还是看得头昏脑胀，被里面的各种混乱保费数据和免责条款搞得快要崩溃。于是，他决定试试用 Manus 来解决这个问题。没想到，当他把这 6 家公司的信息输入 Manus 之后，Manus 很快就给他列出了非常清晰的比较表，对难以理解、容易误解的内容，Manus 也贴心地做出标注。小李很快便选出了最适合为父母投保的一家保险公司，轻松完成了这件事。

在 Manus 中输入家庭年收入与负债情况后，它能根据用户的家庭状况生成三维矩阵，帮助用户找到更适合自己的保险。Manus 还是一个动态的风险模拟器，能进行个性化沙盘推演，预见未来风险。当用户对一些参数进行调整之后，Manus 还能根据这些调整，对保险政策重新进行对比，同时调整推荐给用户的保险。

Manus 能深度理解保险公司的政策，又有大数据的支持，因此，它就像是一个保险行业的“万事通”，能帮用户做出非常清晰的保险政策比较表，给用户选择保险提供非常大的便利。截至 2024 年，Manus 已经生成超过 800 万份智能比较表，帮助用户规避条款陷阱逾 2000 万次。

提供最佳决策建议

在购买保险时，只有比较当然还不够，有很多用户需要的是最终的决策建议。Manus 在给用户提供了清晰的保险政策比较表之后，如果用户还是无法做出选择，它可以给用户提供最佳决策建议，帮用户下决心。

人的选择容易掺杂主观的情绪，机器的选择却永远保持理性。在经过超过 2000 万份理赔数据的训练之后，Manus 的决策比绝大多数人更加客观与合理。用户只要把自己的数据输入 Manus 中，并要求它做出最终决策，它就可以在对比完保险政策之后直接帮用户拿主意。当然，它有时也会给用户更多的选择，但无论是只有一个最终建议还是给出了多个选择，它都会把这样选择的原因表述清楚。

程序员小何在购买保险时犯了难，他不知道自己应该购买哪些保险。他知道 Manus 的功能非常强大，便把这个难题抛给了 Manus。把自己的信息输入 Manus 中之后，Manus 很快根据他给的信息生成了购买保险的建议。

Manus 生成了包含 300 多个决策节点的分析图谱：主干道延伸出职业风险、健康变化、家庭责任三条路径，其中的每个节点都关联着保险产品的适配度评分。由于小何设定了购房目标，Manus 还自动加载房屋险、装修险等 23 个关联险种，并标注某定期寿险中与房贷周期错位的隐藏风险。最后，Manus 给出了决策建议。小何看完这些分析，也对 Manus 给出的决策很满意，并很快就做出了合理的选择。

有了 Manus 的帮助之后，用户在购买保险时就不需要再感到迷茫了。保险选择会从模糊的经验判断转向精准的智能导航，每个人都获得了与风险对话的新模式。

将 Manus 应用到保险推荐领域，帮助用户做决策，这不仅是保险科技的进化，更是现代人认知风险的范式革命。在不久的将来，购买保险会变成一件轻松愉快的事，因为买错了保险而苦恼的人也会减少很多。

5.3 股权走势分析

资本市场是十分复杂的，在这个环境中，如果没有清晰的头脑和数据的支撑，很难做出正确的决策。Manus 既有大数据作为基础，又有强大的分析能力，在股权走势分析方面能有非常好的表现。Manus 的多维穿透式分析能力可以像 X 射线机一样，把隐藏的资本脉络清晰地呈现在我们面前。

Manus 构建了动态股权数据库，能通过 API 实时抓取工商登记、司法判决、招投标等 12 个维度的数据源。在对一家跨国企业的股权架构进行分析时，Manus 只用了不到 1 秒的时间，就完成了对 37 层嵌套控股结构的自动解析，精准识别出实际控制人通过离岸公司持有的 3.2% 关键股权。这种强大的穿透能力，让企业价值评估的误差率从传统人工分析的 18% 直接降到了 3%。

一家企业在进行改革时，使用 Manus 软件只用了 3 个工作日就做完了对 17 家战投方的穿透审查，最终发现有两家机构存在潜在的关联交易风险。如此精准且高效的分析能力，令该企业大为震撼。此后，该企业一直在用 Manus 进行股权分析，这让股权交易尽调周期平均缩短 60%，尽调成本降低 45%。

Manus 的智能关系图谱引擎能把股东关联关系变成三维动态模型。其可视化分析模块支持时间轴追溯功能，能够模拟不同收购方案对股权结构的影响，为战略决策提供沙盘推演。

Manus 还能智能预判风险，它的风险评估算法整合了 400 余个监管规则库。Manus 的机器学习模型通过分析海量司法案例，对股权质押爆仓风险的预测准确率高达 92.3%，远超行业平均水平。

当在股权走势分析中使用 Manus 之后，这件事会变得非常容易。我们不需要专业的团队也能把它做得非常好。这将为企业节省大量的时间，规避很多风险，为企业未来的健康发展奠定基础。

深度分析

Manus 在股权走势分析方面具有优势，因为它掌握的数据比任何人都更丰富。当然，这还得益于它强大的深度分析能力。尽管股权关系像迷雾一样让人理不清，但 Manus 却能用它的深度分析能力，让股权分析突破维度限制，用数据智能转化穿破这层迷雾。

因为人工处理效率存在瓶颈，所以传统股权分析很难穿透超过 5 层的控股架构。Manus 能用“树状解析算法”自动拆解超过 50 层的嵌套结构。Manus 强大的解析能力使复杂架构的尽调效率提升了 40 倍，错误率降至 0.3% 以下。它的动态路径追踪功能，能实时展示每层股权变动的历史轨迹和传导效应。

Manus 的“超图计算引擎”突破了传统二维关系图谱的局限，构建了包含股权、债权、协议控制等多重关系的四维关联网络。

与其他类型的分析一样，Manus 对股权走势的分析也是动态的。它的“数字孪生”系统能构建股权结构的动态演化模型，这一点也是传统分析比不了的。

在一家企业的项目中，Manus 模拟了 17 种股权分配方案对控制权的影响，通过蒙特卡洛算法预测不同情境下的股东博弈结果。在特有的压力测试模块帮助下，Manus 能模拟市场波动、监管政策变化等 300 多种冲击因子对股权价值的影响。经过 Manus 的分析，该企业提前预判了股权质押爆仓的临界点，成功避免了有可能出现的上亿元的损失。

Manus 的深度分析还体现在它对全球 127 个司法辖区的法律风险点扫描上，它能有效避免股权构架中的法律问题。Manus 的风险预警模型对对赌协议触发概率的预测精度达 89%。

Manus 高效的深度分析能力能给企业带来非常大的帮助，

为企业的决策提供一双洞察全局的慧眼。有了它的帮助，企业将不再被资本市场的烟雾弹迷惑，真正抓住核心问题，把自身的发展和金融市场完美结合起来。

可视化表盘

资本市场上的数据非常多，如果不仔细研究，很容易被海量的数据所迷惑。如果能在股权走势分析时有一个简单清晰的可视化表盘，无疑能给决策提供很大的帮助。Manus 可以完成这项工作。

Manus 的三维可视化表盘系统能把复杂的股权动态转化为可感知的数字化仪表。这就像是给用户装上了一双自带扫描成像技术的眼镜，能把数据都转化成表盘，让认知变得更加容易。

> 一家医药企业在上市过程中，用 Manus 生成专属监测界面的表盘。在表盘当中，绿色指针显示战略配售进度，红色警戒线标注对赌协议触发阈值，三维沙盘模拟不同发行价对应的股权稀释曲线。这样，它的各种数据都能用非常直观的方式看到。在询价阶段第 3 天，通过表盘颜色渐变提示机构报价离散度超限，发行团队及时调整路演策略，最终完美上市。

Manus 的可视化表盘有 3 个强大的功能：通过分布式系统抓取全球 156 个监管平台的股权变动数据，进行实时数据捕获；表盘中央处理器集成股权质押、限售解禁、机构调研等 32 个分析维度，做到多维信息融合；用户可以用手势操作旋转三维表盘，触控特定区域就能展开穿透式分析，智能交互十分方便。

Manus 的可视化表盘能帮助用户实现决策的升维革命，以往几百页的文字内容，现在只需要一张图片就展现得差不多了（图 5-2）。Manus 的“决策沙盒”模块，支持通过拖拽虚拟股权进行压力测试。这样优秀的可视化分析，让股权投资决策效率成倍提升。

当 Manus 在股票行业深度应用，股权分析就不再是纷繁复杂的事，而是变成几秒就能做出决策的简单事情了。Manus 的可视化表盘让决策者对股权走势一目了然，更容易做出选择。

5.4 社交娱乐

传统的社交娱乐在数字化时代显得有些老旧了，现在的年轻人更喜欢科技感比较足的社交娱乐形式。比如，有些年轻人会聚在一起打游戏，通过电子游戏来社交。Manus 能给人们的

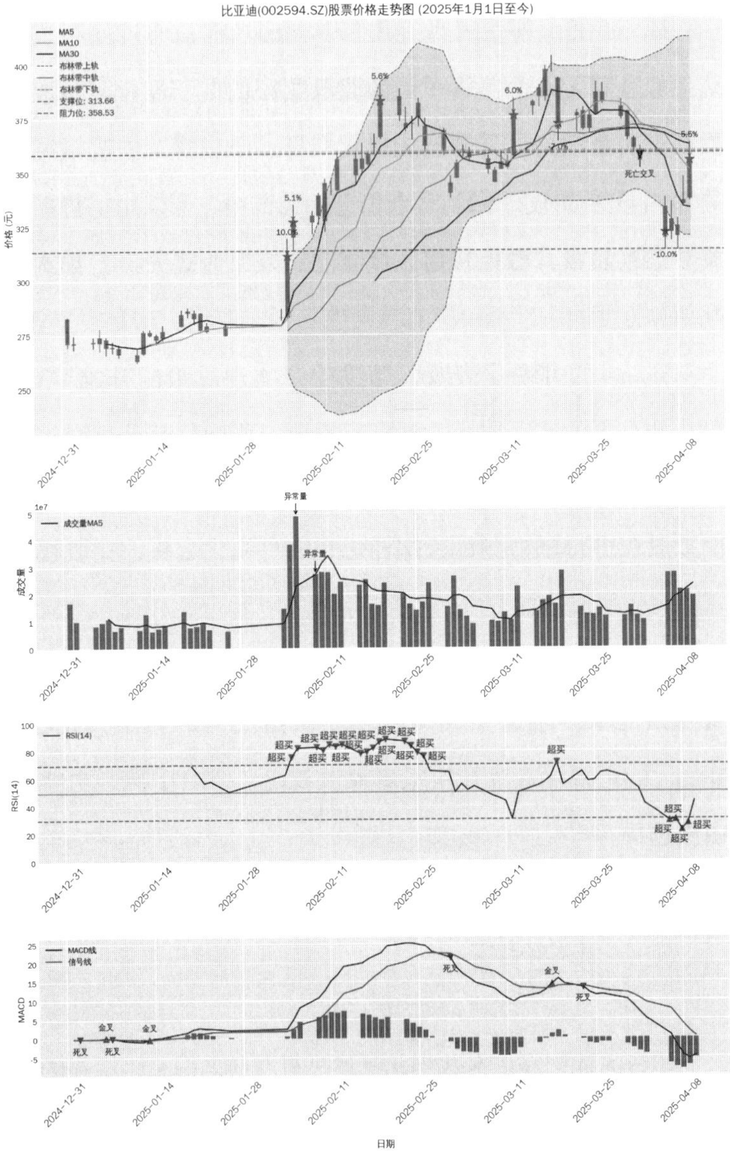

图 5-2　比亚迪股权走势分析图

社交娱乐注入全新的活力，让社交娱乐突破更多的限制。

Manus 的量子力学传感器阵列能捕捉 0.5 毫米的微动作，把人类最复杂的手部运动转化为精准的数字信号，实现触觉方面的延伸。比如，在虚拟音乐会场景中，演奏者可以通过细微的指法变化控制数字乐器的音色质感，于是，人们能在虚拟的数字世界里获得与现实世界相似的感受。

在一家虚拟现实体验馆里，一位玩家正佩戴着 Manus Prime X 系列手套，用十分精细的手部动作来操作游戏中的画面。Manus 超强的动作捕捉能力，让玩家的游戏体验获得大幅提升。在多人一起玩游戏时，大家都能沉浸其中，友谊也因为在游戏中的合作而变得更加深厚。

很多年轻人都喜欢来这家体验馆玩游戏。他们不用再担心自己是“社恐”，因为他们都有着共同的爱好。Manus 加持下的电子游戏不再是一个人玩乐的场景，它让大家都享受到了社交的乐趣。

用手势交互来代替手柄操作，这或许是游戏具有社交属性的开始。Meta 公司的 Horizon Worlds（元宇宙平台）集成 Manus SDK（软件开发工具包）后，用户手势指令识别种类从 12 种跃升至 87 种，虚拟化身能够完成转笔、折纸等精细动作。在使用 Manus 系统的 VR（虚拟现实技术）社交中，用户情感共鸣强度提升 42%，肢体语言的信息传递效率是传统语音聊天的 3.6 倍。

由此可见，Manus 确实能让社交娱乐发生翻天覆地的变化。当设备有 Manus 加成之后，用户的日均社交时长会显著提升，用户的社交意愿比 VR 社交更强。

Manus 技术应用于其他传统场景中也是可行的。比如，在数字夜店场景中，DJ（唱片骑师）可以用手势来对灯光矩阵的拓扑变化进行控制，观众的手势律动实时生成视觉波纹，形成共时性体验。这对于社交娱乐氛围的提升，有很大帮助。

Manus 能让虚拟和现实结合得更为紧密，当它在虚拟空间精准复现神经末梢的颤动时，当隔空击掌能传递真实的触感反馈时，虚拟就能为现实更好地服务。无论是虚拟空间的社交娱乐活动，还是现实空间的社交娱乐活动，都会因为 Manus 而变得更令人向往。

朋友圈文案风格迁移

在社交时，朋友圈就像是个人的名片，很多人在刚加上好友之后，都会先通过看朋友圈来了解一个人。朋友圈的文案风格其实是很不错的，我们在进行社交时，如果能把朋友圈的文案风格运用到其他地方，就同样能受到别人的欢迎。

Manus 智能文案工具可以模仿朋友圈文案的风格，让你的文案更有吸引力，让你的社交变得更容易。Manus 能把朋友圈的优秀文案拆解成几种截然不同的数字人格，比如文艺青年版、职场精英版、美食达人版。根据我们自己的需要选择不同的数字人格，就能得到我们理想中的文案了。

小雪平时经常会在抖音发布一些短视频内容，不过她的短视频从来没有出过爆款，点赞、评论的人都比较少。她觉得应该是自己的文案写得不够吸引人，于是，她决定让 Manus 写一些朋友圈文案风格的内容，试试看能不能吸引更多的人。

她把前两天去海边玩的视频输入 Manus 中，让它来生成一个文艺青年版的朋友圈文案。很快，Manus 就给了她答案："晚上七点零三分的浪把黄昏叠成褶皱信纸，而我在这张信纸上写下爱的文字。"小雪觉得这个文案很不错，就用这个文案发布了短视频。果然，这个文案获得了比以前更多的评论和点赞，有不少评论都认为她是个文艺女青年。

起到好的作用之后，小雪后面的短视频都用 Manus 来生成朋友圈文案风格的文字。一段时间之后，她某个视频的点赞量终于破万，她也收获了更多的粉丝。

你的语言风格能够成为你的名片，帮你吸引同类型的朋友。当我们用朋友圈的文案风格发布一些有社交属性的内容时，它的吸引力可能会很强，因为大部分人都对这种文案风格比较熟悉，容易产生亲切感。

让 Manus 帮我们写朋友圈风格的文案，我们就不用担心写不出好文案了。根据自己需要的风格给 Manus 提要求，让它来帮我们完成文案的创作，我们只要筛选合适的文案就好。

很多网红的文案看起来十分文艺或者十分搞笑，并不一定是他们才华横溢，而是他们会利用像 Manus 这样的文案创作工具。在这个人工智能高度发达的时代，我们利用好工具，就能不断创造社交和娱乐方面的情绪价值，继而赢得人心。

5.5 考试备战

考试往往会让人感到很有压力，因为考试的内容是不确定的，这种不确定性会令人感到不安。Manus 能让考试备战变得简单，让学生不再惧怕考试。

Manus 用知识图谱打破线性学习牢笼，让知识点不再杂乱无章，让学生能做到心中有数。Manus 可以把学科知识分解成千万个相互关联的节点，形成动态知识图谱系统，让每个知识点都有掌握程度、关联强度、考查频率三维坐标。这个系统可以自动生成螺旋上升的学习路径，让学生能把精力更多地放在自己薄弱的环节上，提升学习效率。

Manus 根据艾宾浩斯遗忘曲线对学生的记忆进行精准调控，让知识点不再被轻易遗忘。Manus 整合艾宾浩斯遗忘曲线、间隔重复算法，结合眼动追踪与答题反应时的生物特征数据，建立专属于学生个人的记忆模型。当学生对楞次定律的记忆强度降至临界点时，Manus 会在最佳遗忘窗口给他推送定制化复习方案。

学生在学习时总会遗忘不少知识点，为了解决这个问题，一些学校决定用 Manus 来帮助学生进行记忆。Manus 总是能及时定制专属的复习方案，当一个知识点到了学生即将遗忘的时刻，它就会让这个知识点提前出现在学生面前，让学生得以加深记忆。上海交通大学研究团队经过研究发现，Manus 用户对复杂公式的长期记忆效率提升了 3.2 倍，考前突击的无效重复率减少了 82%。

传统的考试备战，学生可能会用题海战术来提升自己的能力。有了 Manus 之后，这种“笨”方法可以不用了。Manus 拥有智能拆解引擎，如果学生有一道题做错了，它不但会给出答案和解析，还会回溯学生出错的原因，继而加强学生在这方面的学习。这样一来，学生从根本上解决了薄弱点，学习效率成倍提升。

Manus 拥有十分庞大的题库，每一道题都会被解构成很多能力维度的标签。正因为 Manus 能对题目进行量化处理，所以它能很快找到学生的薄弱环节，帮助学生精准提升能力。

有了 Manus 这个聪明的人工智能老师，学生的能力可以稳步提升，考试备战也不再迷茫，学习就成了轻松的事。

四六级考试 / 公考题库错题智能归集

在四六级考试以及公考之前，很多人都会感到非常紧张。与其让自己沉浸在紧张的感觉当中，不如多做几道题来得实在。然而，重复做题不但学习效率低，还容易让人感到烦躁。用 Manus 来做错题智能归集，则可以解决这个问题。

传统的错题归集是把错题记录下来，然后再多做几遍，加深印象。Manus 的错题归集则更加智能，它可以把错误转变成精准的认知修复图谱。

Manus 的智能归集系统可以给每道错题构建包含 12 个维度的数据立方体：从知识点归属、错误类型标签到作答时间分布，从相似题干扰项特征到脑电波监测的注意力曲线。在进行做题训练时，Manus 不仅可以识别出学生的错误，还能根据学生的不同表现，挖掘学生存在的深层次问题，帮助学生从根本上获得提升。

> 小雨正在备考公考，她虽然已经做过很多遍公考的试题了，但心里还是感到十分担忧。为了让自己更有信心，她使用 Manus 来帮自己做错题智能归集。她很快发现，Manus 不但能帮她把错题整理出来，还会分析她为什么会犯这样的错误，并把她没能理解的一些知识点精准地标注出来。这让小雨感到十分惊喜，她逐渐从“只知其然而不知其所以然”的状态中摆脱出来，真正从深层次理解了那些试题的内涵。于是，她的错题库越来越小，而她对自己也更有信心了。在后来的公考中，她取得了很好的成绩。

Manus 的错题归集不仅是归集那么简单，它能深度挖掘错误出现的原因，从过去的“治标”变为“治本”。学生真正把问题搞明白了，也从更深的层次理解了出题逻辑，自然也就记忆深刻了，并且还能对自己产生强大的信心。

面对考试，机械地重复做题不可取。用 Manus 来提升做题效率，让学生真正学会知识，只有这样，学生才能抓住学问的根本，而不是只停留在做题上。当学生的实力得到提升，考试的目的才算真正达到了。

与 XMind 联动生成思维导图

在考试备战的过程中，人容易因为着急而头脑混乱，最后胡子眉毛一把抓，影响备考的效率。这种情况，在 Manus 智能备考系统与 XMind 思维导图工具深度联动后将不复存在。这两大软件强强联合之后，生成相应的思维导图（图 5–3），能让考试备战成为更直观的事情。

就像 CT（计算机断层扫描）仪器一样，Manus 的智能诊断引擎可以把学生的知识结构变成包含很多个维度的数据模型。如果检测到学生的某个场景理解模块存在断层，就可以用 XMind 自动生成三维思维导图。学生通过触控屏调整思维导图结构的过程，将实时反馈到 Manus 系统，让知识图谱动态重组。这种双向交互能让学生的知识体系完整度大幅提升。

小王对碎片化的公务员申论素材感到十分头疼，当他使用了 Manus 智能备考系统与 XMind 思维导图工具之后，备考中的一切似乎都变得简单起来。在 XMind 界面中，那些碎片化的内容都变成了动态生长的思维星系，每个知识点都带着 Manus 标注的热力值，每条逻辑链都沉淀着系

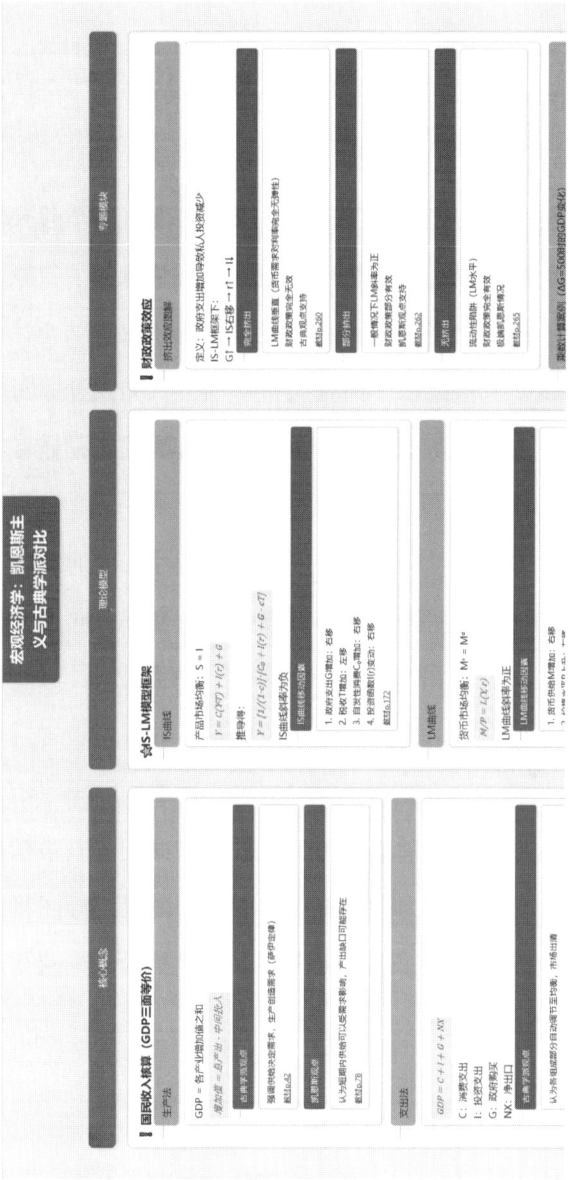

图 5-3　关于《宏观经济学》的思维导图

统计算的关联强度。小王发现，这些思维导图能让他混乱的头脑变得无比清晰，备考变得轻松了许多。

当人与人工智能紧密互动，一切都将变得简单起来。思维导图能让我们混乱的思绪变得清晰，头脑清楚了，原本的难事也就不再难。当数据算法与思维可视化深度结合，备考不再是知识的机械累积，而是人机协同的认知跃迁。每个思维导图都成为活的认知器官，持续吞吐着数据流，让备考的学生压力骤减。

XMind 的神经可视化功能可以把 Manus 监测的遗忘曲线转化为记忆热力图。当学生拖动节点时，Manus 同步调整复习策略，在 72 小时黄金记忆期推送针对性训练。这使备考者对备考过程中学习内容的记忆更深刻，让备考者提升学习效率。

当 Manus 智能备考系统与 XMind 思维导图工具被学生用在备考中，学生的压力会减轻很多。清晰的思维导图将会助力每个学生成功备考，也让更多的人在成长的路上感受到人工智能的实际价值。

5.6 家庭健康管理

现在，很多人对健康非常重视，如何做好家庭健康管理，是很多人都关注的问题。当人工智能变得非常强大时，它能为我们提供很多关于健康方面的建议。Manus 智能健康管理系统能通过物联网技术和人工智能算法的深度融合，把碎片化的健康数据转化成精准的健康指导，建立覆盖全生命周期的家庭健康防护网。

Manus 拥有多维健康监测体系，它能通过生物雷达传感器实时捕捉人体呼吸频率、心率变异性等生命体征。由于拥有毫米波技术，即便是在夜间，它也可以持续进行检测，同时不影响人的睡眠。

智能药盒内置的称重传感器和图像识别模块，可以精准追踪用户的药物服用情况。如果用户忘记服药，它可以发出语音提醒。它的环境感知单元能够持续监测 PM2.5、甲醛浓度等几十项室内空气质量指标，让家庭环境始终保持健康。Manus 集成式健康终端通过多模态数据融合技术，可以把智能手环的运动数据、智能体脂秤的代谢参数和电子病历信息进行交叉验证，最终建立个人健康画像。

一位用户使用 Manus 智能健康管理系统来对自己的

家庭进行健康管理。他的家人平时都佩戴智能手环，每天使用智能体脂秤等电子设备。一天，该系统向他发出预警，根据他的睡眠状况检测，发现他最近的睡眠质量有些问题，深度睡眠的时间比较短，又结合他的体质情况，建议他加强锻炼。

他听从 Manus 智能健康管理系统的建议，每天上班前进行一段时间的锻炼。一个月之后，他感觉自己的精神状态比以前更好了。再看他的健康数据，晚上深度睡眠的时间增加，体脂等各方面的参数也变得更健康。

Manus 智能健康管理系统就像一个非常贴心的私人健康护理人员，它能给我们提供非常贴心的健康建议。当我们使用 Manus 智能健康管理系统来对自己的家庭进行监督时，我们就不用担心家庭成员会因为突发疾病而出问题。

养生要在平时，而普通人的养生要从做好健康管理开始。普通人的医学知识并不多，但这并不是问题，因为 Manus 智能健康管理系统可以指导我们的生活。

当每个人的生活都因为 Manus 智能健康管理系统而变得更加健康时，生病的人会变得比以前更少，整个社会都会因此而受益。

整合体检报告到生成健康建议

每个人都需要一个私人医生，但不是每个人都能请得起私人医生，或者都有时间去找私人医生。不过没关系，Manus可以成为每个人的私人医生。用 Manus 对自己的体检报告进行整理，就能生成完全符合我们自己身体状况的健康建议。

有不少人都会去医院做体检，但不一定能看懂体检报告上的数据，即便自己在网上搜索了一两个数据，最终也是一知半解。要让普通人根据自己的体检报告来制定健康生活的建议，简直是太为难人了。Manus 可以自动整合用户历年体检数据、电子病历，甚至智能穿戴设备信息，为用户建立动态的健康图谱。

Manus 处理体检报告的能力非常强大，这主要体现在 3 个方面：它能进行多维度数据融合，解析文本报告中的数值指标、影像学图片和环境数据，并通过知识图谱关联医学文献与临床指南；它能进行动态趋势预警，在时序分析模型的基础上，识别“亚健康临界值”；它拥有个性化干预网络，用深度强化学习引擎从十万级临床案例中提取干预策略，给用户提供合理的建议。

小陈每年都会去做体检，但是他对体检报告并不是很了解，除了问一问医生自己有没有得什么病，别的就没关注过。自从 Manus 出现之后，小陈就开始用 Manus 对自己的体检报告进行分析。经过分析之后，小陈发现自己其实一直处于一种亚健康的状态，虽然没得什么大病，但也不是很健康。

为了改善自己的健康状况，他让 Manus 来给自己生成健康建议。Manus 给他的建议是，每天睡觉的时间不能太晚，晚上 11 点之前必须睡觉；在饮食方面应以清淡为主，少吃油腻的食物；少抽烟，少喝酒；运动要适度，不过少也不过多；少喝饮料，饮品应以白开水或矿泉水为主……小陈按照 Manus 给出的建议执行，等他再去体检时，发现自己的各项指标变得更好了。小陈继续把体检结果输入 Manus 中，让 Manus 给出新的健康建议，然后继续执行下去。

现在很多数字化设备都能检测到我们的身体健康情况，Manus 可用来整合体检报告，再根据我们平时在设备上留存的数据，给我们提供非常有针对性的健康建议。因此，我们可以让 Manus 给我们提供健康建议，然后去试着执行，说不定就会获得很好的效果。

当然，我们也不能用 Manus 来完全代替医生。我们应该有自己的判断，去分析 Manus 给出的建议是否合理。在自己拿不定主意时，还是要去咨询医生。

Manus 的价值其实不只体现在个人健康管理方面，它在未来有可能会给整个医疗体系带来巨大的冲击。我们相信，随着医疗技术的进步，每个人都能享受到更加科学的健康服务。

MANUS

第三部分

Manus 与其他 AI 工具的梦幻联动

PART 3

Manus 作为一款着眼于“执行”的智能体，如果能与其他 AI 工具联动，那么所达到的效果也是相当惊人的。我们可以想象，如果 Manus 接入更多的 AI 工具，只要我们输入指令，Manus 就能调用各种 AI 工具，不用我们再进行任何操作，就能快速给出我们需要的结果，那将是对人类发展而言极大的利好。

第 6 章　与通用办公 AI 工具组合

对经常使用办公软件的人来说，处理那些复杂文件、数据、表格、资料可以说是相当让人头疼。将 Manus 与通用办公 AI 工具结合，那些令我们感觉到头疼的问题就都能够迎刃而解。

6.1 通义千问 + Manus：法律咨询问答知识库搭建

2025 年 3 月 6 日，全球首个通用智能体 AI 工具 Manus 所属公司召开发布会，现场演示操作效果惊艳众人：Manus 不仅能够帮助 HR 筛选简历，还能分析股票金融数据、调研房地产信息，并且全程自主操控。

Manus 的强大执行力引来全网关注，但想要成为 Manus 的用户却需要邀请码。一码难求成了卡住不少网友使用 Manus 最大的一道坎。在这种大背景下，通义千问团队与 Manus 达成了合作意向。基于国产模型基础上的通义千问成为 Manus

的技术依托，阿里开源 320 亿参数推理模型 QwQ-32B，性能堪比 DeepSeek-R1。通义千问与 Manus 的合作，将帮助 Manus 实现全部功能。这次合作也将会加速 Manus 在国内的快速落地（图 6-1）。

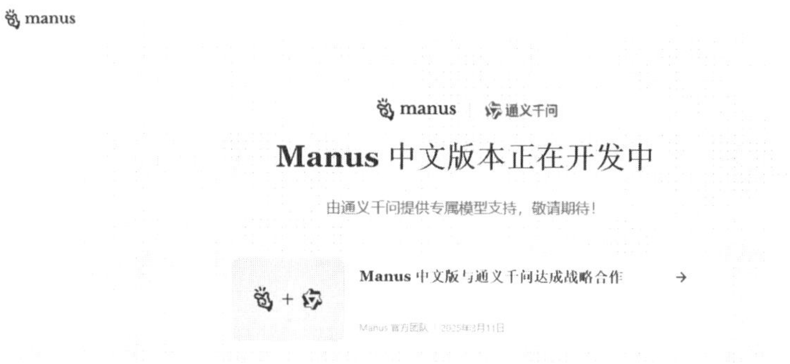

图 6-1　Manus 与通义千问合作

Manus 与通义千问的合作意义重大。Manus 虽然功能强大，但运行需要消耗很多 Token（密保令牌），而通义千问的大数据模型 QwQ-32B 的推理成本不到 DeepSeek 的十分之一，属于目前全球最大的开源模型族群。此次通义千问与 Manus 合作，属于强强联合。

借助通义千问的大数据平台，用户可进行法律咨询问答知识库的搭建。法律知识与高新技术的快速碰撞，产生了让用户都惊叹的聚变效应。

在这个科技日新月异的时代，数字化浪潮席卷了各行各业，“通义千问 + Manus”这个组合，为法律咨询服务行业带来了革命性的突破。人工智能与法律专业知识深度融合，就像给法律咨询行业配备了“智慧大脑”和“专业智库”，让原本需要面对面才能进行的法律服务，变成了随时都可以触达的智能化体验。

1. 搭建法律问答知识库的必要性

在传统的法律咨询行业，存在着三大痛点：专业律师资源稀缺且分布不均、服务成本高、响应效率受限。据统计，我国每万人仅拥有 3.3 名律师，且主要集中在经济发达地区。普通民众遇到法律问题时，往往因费用顾虑或地域限制难以及时获得专业帮助。

构建智能法律问答知识库可以让普通人拥有 24 小时在线的“法律顾问机器人”。这种模式不仅突破了时空限制，为公众提供了即时、准确的基础法律咨询服务，还缓解了基层法律资源的紧张局面，更可以通过技术手段实现法律知识的普惠传播。

2. 核心技术融合下的高效协作

搭建法律知识库需要两大系统的核心支柱进行支撑：阿里云的通义千问大语言模型和 Manus 的法律知识管理系统。两者结合，就像是给机器装上了“最强大脑”和法律专业图书馆。

（1）通义千问：理解人类语言的“智慧中枢”。

阿里云研发的通义千问是千亿参数级大模型，具备强大语义理解与生成能力。在法律场景中，它需要完成如下 3 项关键任务。

◆ 精准识别用户咨询意图：能听懂“对方欠钱不还怎么办”背后的法律诉求。

◆ 匹配对应法律条款：自动关联《中华人民共和国民法典》合同编相关规定。

◆ 生成通俗易懂的解答：将专业法条转化为生活化建议。

（2）Manus 系统：法律知识的“专业智库”。

这个专门设计的法律知识管理系统承担着结构化存储和管理海量法律信息的重任。其核心功能如下。

◆ 知识图谱构建：将分散的法条、案例、司法解释编织成关联网络。

◆ 动态知识更新：实时追踪法律修订和司法解释变化。

◆ 多维度标签体系：为每个法律知识点打上适用场

景、地域差异等标签。

通义千问和 Manus 的协同就像给经验丰富的法官搭上了专业的书记员：通义千问负责理解咨询意图和生成回答，Manus 则确保每个回答都有准确的法律依据做支撑。当用户咨询“网购退货纠纷”时，系统能自动关联《中华人民共和国消费者权益保护法》第二十五条关于“七日无理由退货”的规定，并结合最高法典型案例给出具体建议。

3. 知识库搭建的关键步骤

法律知识库的搭建需要经历 4 个阶段，每个阶段都需要通义千问与 Manus 的深度合作。

（1）法律知识采集与结构化。

◆ 覆盖六大法律门类：民事、刑事、行政、商事、劳动、知识产权。

◆ 整合超过 10 万条法律法规和司法解释。

◆ 收录 50 万+典型案例判决文书。

◆ 建立包含 200+个常见场景的问答模板库。

（2）知识图谱构建。

采用“实体—关系—属性”三元组建模。

◆ 实体：当事人、法律行为、权利义务等。

◆ 关系：因果关系、法律适用关系等。

◆ 属性：时效期限、地域差异、金额标准等。

（3）模型训练与优化（持续迭代）。

◆ 法律专业语料训练：使用超过 100G 法律文本数据。

◆ 多轮对话调优：模拟真实咨询场景的追问与澄清。

◆ 准确率验证：通过省级司法考试题库测试。

（4）系统部署与反馈机制。

◆ 建立用户评价体系：设置“回答满意度”评分。

◆ 异常问题预警：对低分回答自动触发人工复核。

◆ 持续学习机制：每月更新法律数据库和案例库。

4. 实际应用场景解析

Manus 与通义千问的配套使用，在以下情境中已经展现出了独有的价值。

（1）政务服务平台：某省司法厅接入 AI 智能系统后，12348 热线咨询解决率提升 40%。

（2）企业法务支持：某电商平台实现 90% 的合同纠纷自动处理。

（3）个人法律助手：移动端应用日均处理离婚咨询 2000 + 人次。

当用户在搭建好的数据库中输入“公司拖欠工资怎么办？”，系统就会做出如下操作。

（1）识别纠纷类型为“劳动报酬争议”。

（2）关联《中华人民共和国劳动合同法》第三十八、四十六条。

（3）建议保留考勤记录等证据。

（4）推荐向劳动监察部门投诉的流程。

（5）自动生成投诉书模板。

通义千问 + Manus 的深度合作，就像给超级机器人装上了超强大脑，不仅响应速度加快，能够达到每 3 秒给出专业答案的效率，更能降低服务成本，覆盖多个应用场景。

然而在使用通义千问 + Manus 这个套件组合的时候，我们也需要注意：当情况很复杂时，需要人工介入；对地域差异要谨慎对待，持续关注地方性法规和数据库。

随着未来技术的不断提升，Manus 在交互方式以及智能服务等方面也会更加完善。比如，多模态交互（语音咨询、合同文档自动解析）、预测性服务（基于用户行为预判法律风险）、区块链存证（咨询记录实时上链作为证据保全）等，都是 Manus 未来提升的方向。

通义千问与 Manus 的搭配使用，正在重塑行业形态，就像是 GPS 会改变人们的出行方式，“通义千问 + Manus”的组合正让专业的法律服务变得像查询天气预报一样简单。

不过，我们需要明确一点，这种结合并不能替代律师，它只是通过技术手段将基础的法律服务“自来水化”，可以让专业人士能够聚焦更复杂的案件。技术的发展让每个人都能平等地享受到法律的庇护。这是法治文明在数字时代最生动的诠释。

6.2 DeepSeek 协作：科研文献综述 + 数据可视化全流程

作为 AI 领域的双杰，DeepSeek 和 Manus 一旦深度合作，会产生什么样的火花呢？DeepSeek+Manus 协作，会给科研工作者提供极大的便利。DeepSeek 数据整理 + Manus 数据可视化流程，会引爆科技前沿的“双子引擎”——文献智能与数字艺术。

传统的科研过程中就像是唐僧取经，需要实地考察，徒步探险，研究者需要耗费数月去翻阅文献（平均每个课题涉及 3000 + 篇论文）、手工整理数据表格（65% 的时间用于格式转换）、依靠经验去猜测关联性（人脑最多同时处理 4 个变量关系）……经历九九八十一难，才能取到真经。

运用 DeepSeek+Manus 协作系统，就像是给科考队配备了卫星导航和全息沙盘，DeepSeek 像是拥有量子阅读能力的 AI 图书馆馆长，Manus 则像是能够将数字转化为交响乐的数据艺术家。二者协作，文献处理效率能够提高 40 倍，数据洞察速度可加快 12 倍。

DeepSeek 好比科研文献的超级管家，从论文输入、智能过滤、知识图谱构建到报告生成，全都不需要用户操心（图 6-2）。

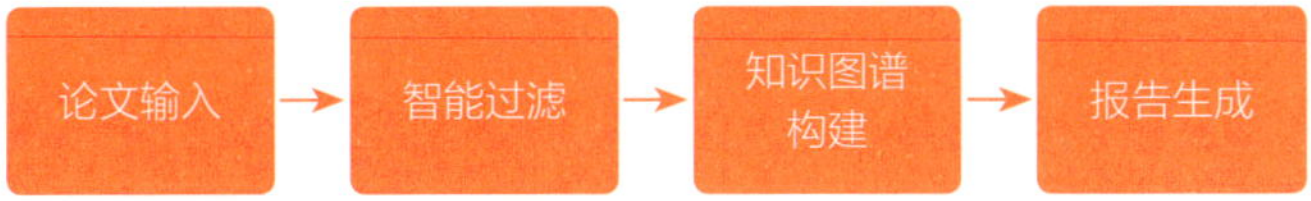

图 6-2　DeepSeek 与 Manus 协作流程图

第一阶段：论文输入。

在这个阶段，DeepSeek 会自动完成智能文献检索。DeepSeek 会启用多模态检索，能够同时处理文本、公式和图表数据。比如，输入“南极磷虾种群密度”，系统就会自动关联到“海水酸化测量方法”的论文。

第二阶段，智能过滤。

DeepSeek 会生成相关程序，形成动态过滤机制，筛选出关键数据（图 6–3）。

```python
# 伪代码示例：相关性过滤算法
def paper_filter(keywords, paper):
    semantic_score = NLP模型计算语义相关度
    data_score = 统计该论文包含的关键数据类型
    time_score = 时效性系数(2020年后论文权重×1.5)
    return 0.6*semantic_score + 0.3*data_score + 0.1*time_score
```

图 6–3　DeepSeek 生成的相关程序

第三阶段，知识图谱构建。

DeepSeek 通过实体识别、关系抽取和动态更新来构建知识图谱。

（1）实体识别：自动提取机构、物种、测量指标等 300 +类实体。

（2）关系抽取：通过深度学习识别“正向影响”“负相关”等 53 种关系类型，完成关系抽取。

（3）动态更新：每小时检查新论文，实时扩展知识网络。

第四阶段，报告生成。在完成前 3 个阶段的准备工作之后，DeepSeek 会生成综述报告。综述报告包含以下功能。

（1）争议点标注：自动标红存在相反结论的研究段落。

（2）数据仓库：提取表格数据形成结构化数据库。

（3）趋势预测：基于历史研究绘制学科发展曲线。

DeepSeek 完成以上资料搜集和整理之后，Manus 数据可视化“魔法工坊”开始一展身手。Manus 会根据资料内容自动匹配图表推荐引擎（表 6-1）。

表 6-1　Manus 自动匹配图表推荐引擎

数据类型匹配矩阵		
数据类型	推荐图表	案例应用
时间序列	动态热力图	气温十年变化
地理分布	3D 地形图	南极冰盖消融
多变量关系	平行坐标图	生态因子交互影响

不仅如此，Manus 还拥有动态可视化技术，比如流数据处理（实时接入气象卫星数据流）、粒子系统模拟（10 万 + 磷虾个体的群体行为可视化）、AR 增强现实（手机扫描报告即可查看 3D 模型），这些技术都能让用户对报告数据有精准把控。

DeepSeek+Manus 能够叠加不同研究团队的数据曲线，通过版本对比，不仅能提取精准的数据，还能通过假设模拟调整参数、预测变化。此外，AI 还能自动识别异常数据并标注检查。

Manus 的可视化叙事，能快速完成从原始数据到决策建议的六步转化（图 6–4）。

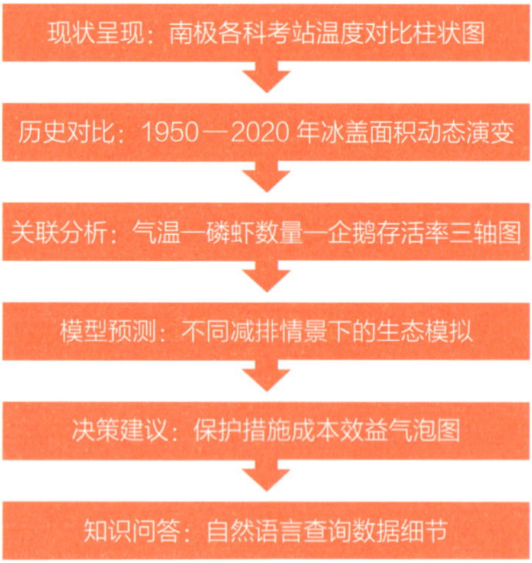

图 6–4　Manus 可视化叙事

在传统的科研流程中，如果想要快速得到相关报告，研究者需要进行大量研究，查阅大量资料，但在 AI 时代，只需要利用好双强组合，就能在最短的时间内获得想要的相关资料。

某极地生态保护机构要做一份生态研究报告，科研人员利用 DeepSeek+Manus 组合，在两周的时间内就完成了对 12 个动态监测仪表盘的监测，整理完了原本需要 11 个月才能整理完的文献资料，识别出了西南极洲 3 个临界升温阈值（1.2℃ /2.4℃ /3.7℃），可视化系统促成了《南极航运限制公约》的修订。

AI 的诞生是一场改变人类未来的科技革命：量子文献处理能够同时分析百万级论文库；全息数据剧场能够在三维空间中沉浸式分析数据；AI 可自主提出假设并设计实验。

AI 越来越智能，将开启人机协作的新时代。在文献综述与可视化全流程过程中，人们只需要做出价值判断，其余的工作都可交给 AI 自主完成（图 6–5）。

图 6–5　人机协作模式

DeepSeek+Manus 的深度协作系统会改变未来科研的基本形态：文献综述不再是耗费大量体力的重头戏，数据可视化也不再需要专业的编程技能。DeepSeek+Manus 的组合为科研工作者装上了“智能外脑”，把他们的双手和精力解放出来，从而投入到更有价值的事情上去，也给未来创造提供了更多的可能。

6.3 豆包联动：电商客服问答库自动更新系统

在电商行业，客服的响应速度直接决定着用户体验。在传统电商模式下，客服的知识库依赖人工维护，经常面临信息滞后、更新低效、成本高昂的痛点。而 Manus 与豆包的深度联动，通过“数据采集—智能处理—自动更新”的全链路自动化，为电商企业打造了一个“自生长、自动化”的智能问答系统。

豆包与 Manus 联动创建电商客服问答库自动更新系统，具体该怎么做呢？

1. 搭建系统架构全景图

如图 6-6 所示，左侧 Manus 系统包括数据采集层、知识加工层、版本控制中心。数据采集层的主要任务为：对接商品数据库、订单系统、客服对话日志；知识加工层的主要任务为：NLP 处理模块、知识图谱构建引擎；版本控制中心的主要任务为：历史版本回溯、更新审批流程。

右侧豆包平台主要包括问答服务层、反馈分析层、预警

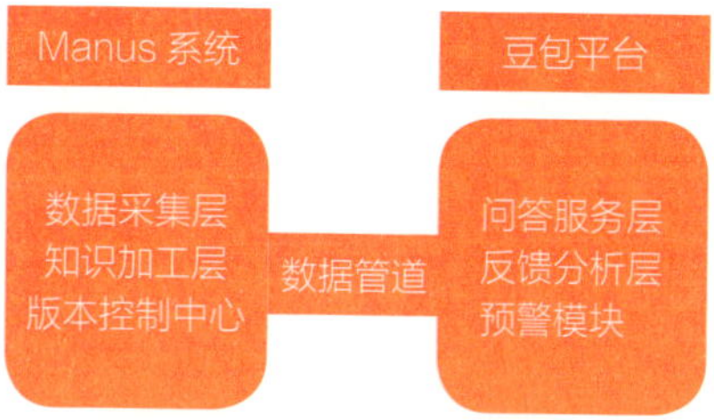

图 6-6　系统架构全景图

模块。问答服务层的主要任务为：智能应答、多轮对话管理；反馈分析层的主要任务为：用户满意度评分、未解决问题标注；预警模块的主要任务为：高频未知问题实时告警。

中间数据管道的主要任务为：每日凌晨自动同步增量数据；变更内容经过合规性校验后生效。

2. 核心运作流程

问答库自动更新系统的核心动作流程如图 6-7 所示。

图 6-7　核心运作流程

步骤 1：数据自动抓取。

数据自动抓取主要包括两点：数据抓取来源和技术实现手段。

①数据抓取的来源。

数据抓取的来源主要包括以下几个方面。

◆ 商品信息变更（如价格 / 规格调整）。

◆ 营销活动页面（限时折扣、满减规则）。

◆ 客服对话记录（用户高频提问与投诉）。

◆ 平台政策更新（退货时效、运费险规则）。

②数据抓取的技术实现手段。

数据抓取的技术实现方式主要有以下 3 种。

◆ 通过 API 接口实时捕获商品数据变动。

◆ 爬虫程序每日抓取活动页关键信息。

◆ 对话日志经脱敏处理后输入分析模型。

步骤 2：智能知识加工。

智能知识加工即对用户咨询或者反馈的信息进行语义解析、知识关联和冲突检测。

①语义解析。

◆ 提取用户咨询中的核心诉求。例：将“预售商品能退定金吗？”解析为“退款规则—预售定金”。

②知识关联。

当用户咨询某个相关事项时能够自动关联到相关的法律条款或者是相关平台的活动说明。

◆ 比如，自动匹配《中华人民共和国消费者权益保护法》第二十五条。

◆ 比如，关联平台《预售活动细则》第 3.2 款。

③冲突检测。

当 Manus 发现电商平台活动页标注的“定金不退”与法律条款有冲突时，会自动触发人工复核提醒。

步骤 3：问答库动态更新。

根据用户需求变化，Manus 会对问答库进行实时动态更新。比如：在新增场景中增加直播带货专属话术（如福袋抽奖规则）；过期内容处理，对下架商品的售后政策自动归档；提出优化建议（比如，将发货时间从模糊表述改为“付款后 48 小时内”，在“七天无理由退换”的回答中增加退货运费说明）。

另外，动态问答库动态更新还需要有相关的策略。比如，紧急变革（政策调整等）30 分钟内生效，常规更新每日凌晨完成批量部署。

Manus + 豆包合作创建出的电商客服问答自动更新系统所带来的效果是显而易见的（图 6–8）。

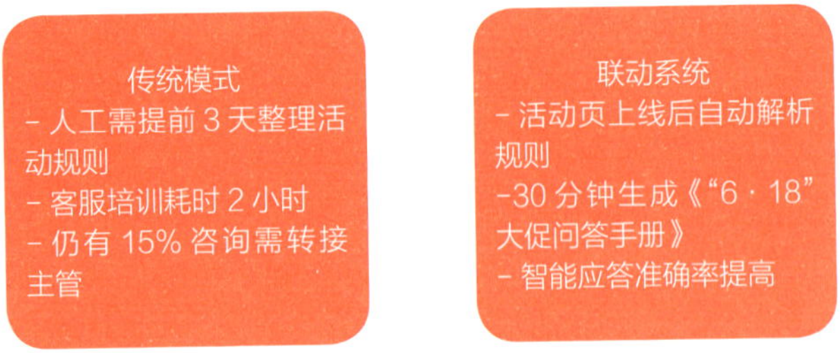

图 6–8　大促活动对比图

从图 6–8 中，我们可以看出，在传统的电商模式下，人工需要提前 3 天整理活动规则，对客服进行培训最起码也需要耗费两个小时，即便如此还会有 15% 以上的咨询需要转接给主管。使用联动系统，活动上线后，活动页能自动向用户解析规则，30 分钟就能生成《“6 · 18” 大促问答手册》，智能应答的准确率更是提升到了 92%。

AI 智能联动带来的便利还不止这些，如果商家的产品进行了迭代，电商客服的问答库自动更新系统就会自动更新商品详情页，Manus 捕获到变更点并提取到核心差异后，会自动生成对比话术。比如，某电商商家上架了苹果 16，Manus 会自动生成这样的对比话术：“新款屏幕升级为 2K 分辨率，充电接口改为了 Type–C。” 当有用户咨询时，系统也会自动响应。

AI 智能时代，Manus + 豆包组合产生的效果是 1+1 大于 2 的。我们可以看看这样一组数据（表 6–2）。

表 6–2　Manus+ 豆包组合产生的效果

指标	传统模式	Manus+ 豆包联动
知识更新时效 / 小时	24~48	≤ 2
客服培训成本	200 元 /（人 · 月）	0 元
转人工率 /%	35	12
咨询转化率提升 /%	—	+18

Manus 电商客服问答库自动更新系统未来将会在以下 3 个方面不断得到提升。

（1）预测试更新。

基于热搜提前预测即将爆发的问题，比如，暴雨天气提前预置“物流延迟通知话术”。

（2）丰富的多模态知识库。

图文关联（用户发送商品图后，系统能自动识别款式）和视频指引（当商品需要有复杂的操作时，系统会自动推送用户教学短视频）。

（3）跨境智能适配。

当商品在不同的国家和地区进行销售时，系统会自动转换为当地的售后政策。

Manus + 豆包，本质上是构建一个“感知—思考—进化”的智能生命体。这个智能体的搭建就像是赋予了电商客服“新陈代谢系统”，让电商客服的问答知识库始终保持鲜活。如此一来，不仅降低了商家的运维成本，更让客服从机械应答升级为促进销售转化的智能顾问。比如，当用户咨询：“这件毛衣起球吗？”系统不仅能够对材质进行说明，还会给用户推荐防起球的洗涤剂，打造出更加智能的客服服务体系。

第 7 章　垂直领域工具融合

Manus 作为最贴近人类思维的智能体，比人类更懂人类，如果与垂直领域的 AI 工具融合，就能创造出更符合人类审美和标准的结果。这极大地节省了人们的工作时间，提升了人们的工作效率，给人们的生活带来了更大的便利。

7.1 即梦 AI（设计）：宣传物料文案到设计图自动生成流水线

在数字化营销的时代，企业平均每年都需要耗费大量的精力在宣传物料的制作上。据不完全统计，中等以上企业每年需要制作超过 500 份的宣传物料，企业 30% 的创意资源被消耗在这些重复性的劳动中。

全球的平面设计市场规模不容小觑，有专家预计在 2025 年将会突破 450 亿美元大关。然而，面对如此巨大的市场蛋糕，却有痛点一直困扰着企业：设计师日均需要处理 3.8 个品牌的视觉需求，60% 的时间消耗在了素材整理与初级排版这些低级任务上。某个国际快消品牌的市场总监曾经这样说：“我们每年投入 200 万美元的设计预算，但是仍有 40% 的营销活动因设计延迟而错过了最佳的投放时机。”

为什么会出现这种情况呢？这还要从传统创作链的固有结构说起。

传统创作链的固有结构为：文案团队—设计沟通—初稿绘制—反复修改。在这个线性流程中，每个环节都伴随着大量的信息耗损。

举个例子，当客户给出“高端大气国际化”的模糊需求时，设计师通常需要制作 5~8 版样稿才能与客户达成共识。

Manus + 即梦 AI 的出现，将“人肉流水线”升级为智能化的创意引擎，顺利打破了设计企业的这种困局。Manus + 即梦 AI 的核心技术架构包含三大模块：语义解析层、风格迁移矩阵、动态生成引擎。它可以通过端到端的 AI 处理，实现从文字指令到成品的秒级转化。传统宣传物料设计与 AI 科技产生碰撞，掀起了一场颠覆视觉创意领域的认知革命。

在 Manus 的“神经”系统中，创意转化并非简单的图文匹配。当用户输入“夏日清凉饮料海报，主打零糖零脂，目标客群 Z 世代”时，Manus 会给出详细的文案描述。

以下为 Manus 输出的创意海报文字描述。

【主视觉】

冰川蓝 × 薄荷绿液态金属渐变背景，透明气泡与像素波纹交织流动；

中心悬浮激光材质饮料瓶，瓶身凝结滑落的水珠形成「零糖宣言」字样；

瓶口喷涌出鲸鱼 / 流星形态的冰晶气泡，背景嵌入二次元虚拟偶像碰杯剪影。

【核心文案】

主标题：无糖の反重力觉醒。

副标：每口降温 3℃的分子级冰爽。

卖点图标：

❶ 500 亿活性益生菌护体；

❷ 3 倍膳食纤维轻负担；

❸ 气泡冲击波直击味蕾；

❹ 冰川矿物电解质缓释。

【互动彩蛋】

左侧弹幕区：

“这配料表比我歌单还纯净。”

“吨吨三瓶没压力” + 脱水黄豆表情包。

底部隐藏紫外线彩蛋：特定光线下浮现「啤酒 + 雪

花 + ㄣ」解锁密码。

【场景构建】

前景：像素风墨镜 / 冲浪板 / 椰树剪影。

中景：玻璃瓶折射出的数字海浪与落日。

背景：霓虹灯牌「9.9 元尝鲜」故障艺术特效。

【动态提示】

▷气泡粒子动态上升；

▷瓶身实时反光追踪环境光影；

▷背景色温从冷蓝向暮色紫渐变；

▷扫码触发 AR 特效：冲浪板 / 电竞手柄破瓶而出。

【技术指令】

材质关键词：激光虹彩 / 液态金属 / 凝结水珠 / 像素波纹。

风格融合：赛博霓虹 × 二次元 × 故障艺术。

构图彩蛋：瓶身倒影藏有「零糖≠无趣」莫尔斯电码。

将以上内容分段输入即梦 AI，即可生成企业需要的宣传物料。若是用户对生成结果不满意，还可以进行重新生成或对生成图片进行细节修复（图 7–1）。

图 7-1　效果生成图

在 Manus + 即梦 AI 组合中，Manus 负责构建出虚实交叠的语言，将健康的概念转化为可感知的潮流符号，用高饱和的对比色打破人们对传统无糖饮品的不良印象，制造具有记忆点的感官冲击。

Manus + 即梦 AI 分工合作，从宣传物料设计到设计图自动生成，形成流水线作业。这主要依靠两大 AI 的功能。

Manus 的三大功能如下。

1. 语义拓扑分析

通过预训练的语言模型（LLM），系统地提取出“零糖零脂”“Z 世代”等核心要素，同时解析隐含需求：色彩倾向（冷色调）、潮流元素（亚文化符号）、价值主张（健康理念）。

这种对事物的理解深度远超传统关键词匹配，甚至能识别出“用酸性美学对抗审美疲劳”的隐喻表达。

2. 风格量子纠缠

系统调用超过 2000 万组设计样本构建的风格图谱，将抽象需求映射到具体视觉维度。比如“Z 世代”对应动态字体、高饱和撞色；“零糖”关联透明质感、分子结构视觉符号。更具革命性的是其风格迁移矩阵，能够将莫奈的笔触与赛博朋克的机械美学无缝融合。

3. 动态生成博弈

在生成对抗网络（GAN）与扩散模型（Diffusion Model）的协同下，系统可以同时产出 30~50 个设计变体。每个方案都经过视觉焦点热力图分析、色彩情感值计算、信息层级优化等 18 项智能校验，最终输出符合人类审美偏好的前三名方案。

实测数据显示，某美妆品牌使用 Manus + 后，新品海报设计周期从 72 小时压缩至 11 分钟，A/B 测试点击率提升 23%。这背后是每秒处理 4.7 太字节视觉数据的超级算力在支撑。

AI 智能时代的到来，刷新着各行各业的范式。当 AI 接管了基础设计工作，创意产业也在悄然发生着结构性变革。

Manus + 即梦 AI 的“智能设计云工厂”模式在以下 3 个方面进行了颠覆性创新。

首先，需求翻译器的进化。随着 AI 智能体的发展，传统设计中“需求—实现”鸿沟被算法填平。比如，某汽车品牌尝试用自然语言描述“将东方山水意境融入电动车科技感”，系统自动生成水墨电路板设计，开辟了“新国潮科技美学”的细分赛道。

其次，创意思维的增强现实。设计师从执行者转变成“AI 策展人”，他们输入的不单单是具体的指令，而是美学命题的边界条件。比如，只要设计师给出框架——“在包豪斯主义框架下解构后疫情时代的社交距离”，系统就能产出兼具功能主义与情感疗愈的设计方案。

最后，无限试错的成本革命。跟传统的设计模式相比，AI 生成的设计成本显然要低很多。某互联网大厂的市场团队利用 Manus + 即梦 AI 在 48 小时内生成了 1700 版推广素材，通过实时数据回流优化设计策略。用计算资源换创意概率的模式，彻底改变了营销活动的底层逻辑。

Manus + 各种视频、影像产出软件的终极愿景是打造“从策略到落地的全自动创意生态”。

在未来，“AI 创意总监”代替人类设计师工作将不再是梦。当“AI 创意总监”检测到目标用户对极简主义的疲劳度上升的时候，会自动启动巴洛克复兴企划，同步生成全系列视觉物料。这种预见性创作能力或将重新定义“潮流”本身的生产方式。

7.2 秘塔 AI（法律）：合同风险扫描到修订建议自动输出

在全球商业化环境中，合同是各大企业之间的合作保障和载体，企业对合同的风险防控直接影响着企业运营的安全。

在传统商业模式中，合同审查需要人工参与，这就存在三大困境：效率极低（平均耗时 8~15 小时 / 份）、成本高（资深律师收费 3000~10 000 元 / 份）、漏检率高（关键条款漏检率达 17%）。

Manus + 秘塔通过自然语言处理、知识图谱构建与机器学习技术融合，实现合同风险识别准确率 92.7%、审查效率提升 40 倍的突破性进展。

1.Manus 三阶处理引擎工作原理

Manus 通过三阶处理引擎工作原理，对合同完成风险鉴别（图 7–2）。

图 7–2　三阶处理引擎工作原理

（1）文本解析。

Manus 采用 Bi–LSTM+CRF 模型实现条款要素提取，支持中英日等 12 种语言混合文本处理，可对合同文本进行解析，提取关键要素。

（2）风险识别。

基于超过 300 万份的裁决文书构建而成的违约风险预测模型，可以识别 72 类潜在的法律风险。

（3）建议生成。

通过对抗生成网络输出符合商业逻辑的条款优化方案。

2. 秘塔知识库构建机制

秘塔作为检索类 AI 工具，能在短时间内分析海量信息、精准理解中文语义，支持思维导图、大纲等结构化输出，受到了不少法律人的喜爱（图 7–3）。

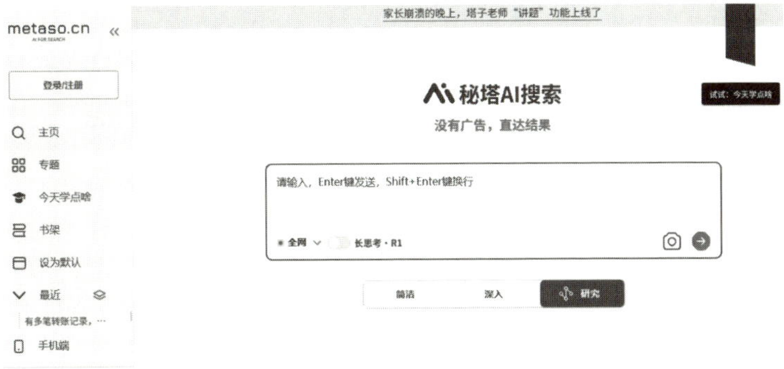

图 7–3　秘塔官网

而秘塔之所以如此强大，得益于它强大的数据库机制。

（1）法规数据库：实时接入 450 + 个法律法规库，日更新量超 2000 条文。

（2）行业标准库：细分金融、科技、制造等 18 个垂直领域风险特征。

（3）案例特征库：关联最高人民法院指导案例与地方法院判决要旨。

当 Manus 为我们检测出了法律风险，我们就可以用秘塔来重新生成合同文件。比如，我们可以这样输入："我是外贸企业的法务，我的企业现在要与国内一家配件公司签订外贸合作合同。请帮我出具一份有助于我审核这个合同的风险提示报告，在报告中为我整理外贸合作涉及的合同纠纷中常见风险点和易发生纠纷的情况，以及审核此类合同时建议关注的要点。请注意站在外贸合作上的立场，分要点总结，每个要点都配一个案例支撑。"

秘塔输出的内容如下。

外贸合作合同风险提示报告（审核要点与案例解析）

一、外贸合同常见风险点及案例解析

（结合纠纷高发领域与法律依据）

1. 条款表述模糊导致权责不清

· 风险说明：关键条款（如质量、交货时间、付款方式）表述笼统，引发履约争议。

· 案例：某企业出口电子产品，合同仅约定“符合国际标准”，未明确具体参数。买方以产品不符合欧盟 RoHS 标准拒付，卖方因未约定检验机构及标准而败诉。

· 法律依据：《联合国国际货物销售合同公约》（CISG）第 35 条要求货物符合合同明示 / 默示用途。

2. 法律适用与争议解决机制缺陷

· 风险说明：未约定适用法律或争议解决方式，导致跨境诉讼成本高昂。

· 案例：某合同约定“争议由买方所在地法院管辖”，因买方所在国司法程序冗长，中方企业被迫承担高额律师费及时间成本。

· 法律依据：中国《中华人民共和国涉外民事关系法律适用法》第四十一条允许当事人协议选择合同适用的法律。

3. 支付条款设计不合理

· 风险说明：汇率波动、付款条件不明确导致收款风险。

· 案例：某企业以美元结算，未约定汇率波动范围，签约后美元贬值 10%，买方要求重新议价，卖方因未设置汇率调价机制损失利润。

· 法律依据：国际商会《跟单信用证统一惯例》（UCP600）要求明确信用证开立时间及单据要求。

4. 知识产权与保密条款疏漏

· 风险说明：未明确知识产权归属或保密义务，引发侵权索赔。

· 案例：某配件公司为外方代工生产，合同未约定设计专利归属。外方将设计申请专利后，禁止中方继续生产同类产品。

· 法律依据：《TRIPS 协定》要求合同明确知识产权权利分配。

5. 不可抗力条款不完善

· 风险说明：不可抗力事件范围狭窄或未约定证明程序，导致无法免责。

· 案例：某合同仅列举“自然灾害”，疫情暴发后卖方以不可抗力主张延迟交货，因未将“疫情”列入条款而被判违约。

· 法律依据：《中华人民共和国民法典》第五百九十条

要求不可抗力需“不可预见、不可避免、不可克服”。

6. 文本翻译与版本一致性风险

· 风险说明：中英文版本条款冲突，引发解释争议。

· 案例：某合同中文版约定“争议提交中国仲裁”，英文版却写“诉讼至美国法院”。仲裁机构以条款矛盾驳回申请，双方陷入管辖权争夺。

二、合同审核关键要点及实务建议

1. 主体资质与合同效力

审核重点：

· 核实对方营业执照、进出口权、履约能力（如银行资信证明）。

· 确认签署人授权权限（如董事会决议或授权书）。

案例参考：

某企业未核查对方代理权，签约后外方以“未经总部批准”主张合同无效。

2. 商品条款与质量检验

审核重点：

· 商品描述：精确到品名、型号、技术参数（如 ISO 标准）。

· 检验条款：约定第三方机构（如 SGS）、检验时间、复验期限及异议期（建议 30~60 天）。

示例条款：

“质量以装运港 CIQ 出具的检验证书为准，买方需在到货后 15 日内提出书面异议。”

3. 价格与支付条款

审核重点：

· 计价货币：增加汇率波动调价机制（如约定 ±5% 内不调整，超出部分重新议价）。

· 付款方式：优先选择信用证（L/C），明确开证行资质、交单期限及软条款排除。

案例警示：

某企业接受“软条款信用证”（如“需买方验货后付款”），买方恶意拖延验货导致信用证过期。

4. 交货与运输条款

审核重点：

· 贸易术语：优先使用 Incoterms® 2020（如 CIF 上海），避免自创术语引发歧义。

· 交货缓冲期：约定“±5 天”宽限期，超期按日计算违约金。

风险案例：

某合同使用“FOB 工厂”非标准术语，双方对装卸费承担争议，额外支出 10 万美元。

5. 不可抗力与违约责任

审核重点：

· 事件范围：列举“疫情、战争、罢工、政府禁令”并加兜底条款。

· 通知义务：要求受影响方在 7 日内书面通知，并提交官方证明（如贸促会证明）。

示例条款：

“若不可抗力持续超过 60 日，任何一方有权终止合同，已交付货物按实际完成结算。”

6. 争议解决与法律适用

审核重点：

· 管辖选择：约定中国国际经济贸易仲裁委员会（CIETAC）仲裁，避免境外诉讼。

· 法律适用：明确适用中国法律或 CISG，排除对方国家法域。

· 案例警示：某合同约定“适用瑞士法律”，争议发生后中方因不熟悉当地法律败诉。

三、附加风险防控建议

1. 文本一致性：约定“中英文版本冲突时以中文版为准”。

2. 知识产权声明：要求对方保证所提供的技术 / 设计不侵犯第三方权利，并约定侵权赔偿责任。

3. 合规审查：确认出口配件是否符合目的国技术标准（如欧盟 CE 认证）。

4. 证据留存：所有沟通通过书面形式（如邮件），保留提单、报关单等原始凭证。

结论：外贸合同审核需以“预防争议”为核心，通过细化条款、明确权责、匹配国际贸易规则，最大限度降低法律风险。建议结合企业实际业务，委托专业律师对合同进行全面合规审查。

秘塔输出的结果不仅有风险提示，还会给出结论总结，帮助用户最大限度地降低法律风险。利用 AI 智能体对合同风险进行把控与传统模式相比，具备以下优势（表 7-1）。

表 7-1　传统模式与 Manus+ 秘塔 AI 的对比

指标	传统模式	Manus+ 秘塔 AI	提升幅度
单份审查时间	8.3 小时	12 分钟	40.6 倍

续表

指标	传统模式	Manus+ 秘塔 AI	提升幅度
条款覆盖率	78%	99.2%	+21.2%
重大漏检率	6.7%	0.9%	-86.5%
综合成本	4200 元	180 元	-95.7%

当人工智能遇到法律，Manus + 秘塔正在重塑合同审查的“成本—效率—质量”三角关系。AI 的兴起不是要取代人类，而是要赋予人类“透视风险的眼睛”和“延伸思维的触角”，最终实现法律服务的价值升维。

7.3 飞书 AI（教育类型）：错题解析到个性化习题集生成

随着人工智能的发展，越来越多的工作可以被 AI 软件所取代。Manus + 飞书的双强组合，在教育领域掀起了一场科技风潮，“错题解析到个性化习题集生成”功能，是一种基于人工智能的精准学习解决方案。

这个功能主要是通过 Manus 和飞书这样几个核心功能与技术来实现的（图 7–4）。

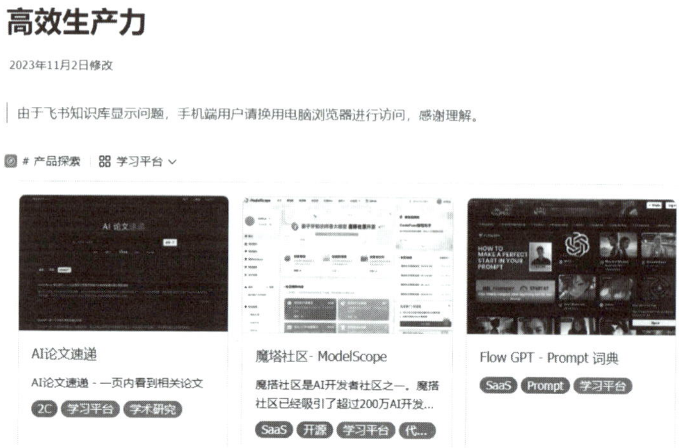

图 7-4　飞书官网

1. 错题数据采集与结构化处理

不管是 Manus 还是飞书都支持以下数据采集方式。

（1）多模态输入：支持拍照、扫描、文本导入（如试卷 / 作业电子版），通过 OCR（光学字符识别）+ 图像识别技术解析题目内容（包括公式、图表、手写体）。

（2）知识点标注：结合自然语言处理和知识图谱，自动关联错题所属知识点（如数学中的“二次函数求极值”）、难度层级及错误类型（计算错误 / 概念混淆 / 审题偏差）。

2. 错题深度分析

AI 工具会对错题从以下几个方面进行深度分析。

(1)错误模式识别:通过机器学习模型(如决策树、神经网络)分析学生错题共性,区分偶然性错误(如粗心)与系统性薄弱点。

(2)能力画像构建:动态生成学生多维能力模型。具体如下。

- 知识掌握度(如“三角函数”正确率 65%);
- 思维习惯(如跳步计算导致错误率高);
- 时间消耗模式(反应熟练度)。

3. 个性化习题生成策略

AI 工具不仅能够分析错题,还能根据错题生成个性化的习题,帮助用户学习巩固薄弱知识点,这得益于 AI 软件的靶向推荐算法。

(1)补弱型题目:针对薄弱知识点,生成同类题型变式(如改变参数、逆向提问)。

(2)强化型题目:对易混知识点设计对比练习(如物

理中“功率与效率”辨析题）。

（3）进阶型题目：基于最近发展区理论，推送略高于当前水平的挑战题。

（4）智能难度调控：根据作答表现动态调整题目难度（项目反应理论），确保 75% 的正确率以维持学习心流。

4. 反馈闭环设计

系统将错题收集整理之后，生成错题分析、个性化习题，并根据用户对个性习题的练习形成实时反馈。

（1）实时批改与溯源：学生完成新习题后，系统即时反馈并标记二次错误题，追溯是否源于同一知识漏洞。

（2）动态学习路径优化：基于持续学习数据，每周自动更新习题集侧重点（如某生函数章节进步后，降低基础题占比）。

Manus + 飞书在帮助用户搜集和整理错题方面具备极大的优势，受到了学生端、教师端、家长端的欢迎。

（1）学生端价值。

学生利用 AI 工具进行错题收集和整理，能够保证高效查漏补缺，避免重复刷已掌握的题目，聚焦真实薄弱环节；阶梯式的习题难度设计，能减少学生的挫败感，有助于提升学生的学习信心；学习轨迹可视化，AI 工具会生成知识点掌握的进度图，学生可以直观地看到自己的进步。

（2）教师端价值。

教师利用 AI 工具，可以让教学决策更精准。教师可通过班级热力图帮助自己调整教学重点，贴合减负增效的教学策略。通过 AI 工具分析学生错题，教师可以获取分层作业，解决“一刀切”的问题。

（3）家长端价值。

家长利用 AI 工具能掌握孩子的学习情况。利用 AI 工具定期推送的分析报告，家长就能明确知道孩子需要具体强化的能力有哪些。

AI 正在影响着我们的学习生活：学生可利用 AI 工具收集错题、查疑解惑、生成个性化练习；教师可通过 AI 工具定制教学方案、提升教学效率；家长可利用 AI 工具辅导孩子学习、掌握孩子真实的学习情况。

某学校尝试用 AI 辅助教师教学和学生学习，效果非常显著。

某试点学校（初三数学）使用 AI 工具参与教学工作

8 周后：

学生平均错题重复犯错率下降 42%；

单元测试及格率提升 28%；

学生每日自主练习时长增加 15 分钟（因练习针对性增强）。

AI 在教育领域有着很多发展的可能性。比如，跨学科关联学习，能够识别学生深层思维短板（如逻辑推理力弱影响数学 / 物理），针对学生薄弱学科生成跨学科训练题目。此外，未来，AR 还可能融入练习，比如：针对实验类错题（如化学操作步骤错误），生成虚拟仿真训练；与认知神经科学结合，比如，通过眼动追踪等生物信号，进一步分析错题背后学生的注意力分配问题。

Manus + 飞书，从错题收集到自动生成个性化练习，通过“诊断—干预—验证”的闭环，渗透到当前的学习生态。“因材施教”将被重新定义，Manus + 飞书之后也会被应用到更加广泛的学习场景。